张 锋——著

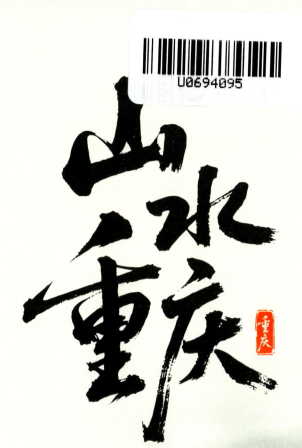

重庆大学出版社

内容简介

　　重庆，一座坐拥"山城""雾都""桥都"之名的世界最大山水之城，其独特的地质奇观与山水交织的城市特征背后，隐藏着亿万年的地质演化密码。本书以地球科学的严谨以及人文的诗意解读重庆山水画卷的前世今生：从山城数十亿年的地质演化故事到 3000 年的人类文明历史，从构架城市筋骨的六大山系到组成城市血液的长江水系以及山水融合产生的自然景观，无不展示着这座中国超大城市跨越洪荒和穿越历史的诞生历程。通过百余幅实景图片和绘图，读者可直观感受重庆作为天然"地质博物馆"的深层底蕴，开启一场跨越时空的探索之旅。

图书在版编目（CIP）数据

　　山水重庆 / 张锋著 . -- 重庆：重庆大学出版社，
2025.7. --（地质科普丛书）. -- ISBN 978-7-5689
-4994-1

　　Ⅰ . P562.719-49

　　中国国家版本馆 CIP 数据核字第 202545CK02 号

山水重庆
SHANSHUI CHONGQING

张　锋　著

责任编辑：林青山　　　版式设计：林青山
责任校对：谢　芳　　　责任印制：赵　晟
*
重庆大学出版社出版发行
社址：重庆市沙坪坝区大学城西路 21 号
邮编：401331
电话：（023）88617190　88617185（中小学）
传真：（023）88617186　88617166
网址：http://www.cqup.com.cn
邮箱：fxk@cqup.com.cn（营销中心）
全国新华书店经销
重庆永驰印务有限公司印刷
*
开本：787 mm × 1092 mm　1/16　印张：14　字数：272 千　插页：8 开 1 页
2025 年 7 月第 1 版　　2025 年 7 月第 1 次印刷
ISBN 978-7-5689-4994-1　　定价：59.00 元

　　重庆是世界上最大的山水城市，境内群山耸立，江河汇流，地域宽广，历史悠长，已然成为中国乃至世界独一无二的历史文化名城、"8D 魔幻"之都。亿万年的演化造就了重庆的奇山异水。重庆历来有"山城"和"江城"的称谓，平行岭谷独树一帜，喀斯特与红岩山峦巍峨、清灵叠嶂；长江、嘉陵江等大江大河交汇相贯，湖泊星罗棋布。山水相生相依则造就雄伟三峡和高山流水等无数奇观，这一切如天工造物，令人赞叹不已。山水格局也奠定了重庆三千年的巴渝文明和灿烂文化。智者乐水，仁者乐山。千百年以来，古人看待山水自然，重在赏析，在山水中抒发情怀和感悟万物，因此重庆别具一格的大山大水从古至今吸引了无数文人、名士，并留下众多千古佳作。

　　如今，科技加速改变世界，科普与科技创新两翼齐飞。面对如此大美山水，一部系统介绍重庆山水地质演化和知识的科普著作令人期待，我认为《山水重庆》就很好地填补了这一空白。书中的众多内容虽然早已为社会大众熟知，然而知其然未必知其所以然，况且很多知识为本书首次向公众披露，例如，长江演化的历史，山水与城市人文塑造的密切关系，均做了深入浅出的解读。

　　本书编者，重庆市地矿局 208 地质队张锋等人皆是一线野外地质人员，常年与山水为友，与岩石为伴，以科学探索地球，以美学感悟自然。全书概览巴渝山水，既将地质美景彩绘于册，又将地学知识科普于众。本书既是他们以地质人的视角对山水的认识，更是他们对自然山水之美的体会，通盘视角看待地质史与文明史，彼此映照，合于此书。此外，全书写有众多诗歌，不仅是一种很好的科普表达形式，还让本书整体充满了诗情画意，极大地增强了本书的耐读性。

通览此书，对重庆的前世今生似有豁然开朗之感，因而荐之于众，望大众能更深入了解这座伟大的山水之城。

2024 年 9 月

前 言 —
INTRODUCTION

重庆是世界上最大的山水城市。提起重庆，人们熟悉的是群山耸立、两江交汇、"8D 魔幻"之都。了解这座城市的人知道，这是一座从历史中走来的城，三千年江州城，八百年重庆府。独有的立体地理特征和浓厚的人文底蕴已经让山城重庆成为了历史文化名城和旅游胜地。

但你可知道，从地球演化宏大视角来看，重庆有着 25 亿年的遥远历史，这是一段自然奏响重庆山河的地球史诗。你可知道，重庆曾经是一个巨大的湖泊。你可知道，从山脉岩石角度，重庆可以分为红色和蓝色两个世界。重庆的沧海桑田和长江的前世今生有着最为密切的关系，重庆见证了长江诞生，长江塑造了重庆容颜……这一篇宏大漫长的地质历史和重庆的人文历史既比肩精彩，又一脉相承。倘若通盘大观，则会有以往没有的深度了解和阅读体验。

上述情况终于促成了本书诞生。此书为凝炼前人众家所长，并汇集作者多年足迹踏遍重庆山水的感悟，精心汇总后所得。全书上下，着眼于重庆从地球演化历史到人类文明史的宏大叙事，亦从山、水、长江演化等主题板块展开阐述，力求知识的系统性和图文并茂的科普性，语言通俗易懂，表述深入浅出。此外，为增强感染力，原创众多诗词，以期让全书平添诗情画意，增加阅读魅力。真切希望此书可以成为一本雅俗共赏、老少皆宜的关于重庆山水的综合读物，让大家了解到从自然中来、从演化中来、从塑造中来、从奋斗中来的山水重庆。

本书成稿后，中国科普作家协会理事长，中国科学院院士周忠和研究员在百忙之中审阅书稿，提出重要指导意见，并为本书作序，给了作者莫大鼓励，深感荣幸并表达敬意与谢意！

衷心感谢张坤琨、吴建波、卢先庆、刘嵩、周健、明建、曾凡荣、彭琦、张海鹏、罗翌熙、王培林、樊新庆等摄影师以及武隆文旅委、重庆探程数字科技有限公司等机构无私提供的精美图片，让本书增色颇丰！还有数不清成书过程中提供帮助的人，抱歉未能一一列出，唯有在此一并深表谢意！

书中部分数据、图片引自其他途径，若有问题，可与作者联系。限于作者水平，书中疏漏之处在所难免，加之如今重庆山水资料更新较多，多方原因造成无法及时更新补齐，敬请广大读者指正！

简介完毕，就让我们开启一场耳目一新的重庆山水阅读之旅吧！

张锋

2025 年 2 月

目录 ——
CONTENTS

第1章

重庆的山水简史

1.1　重庆概况

1.1.1　重庆简史

重庆别称巴渝、山城、渝都、桥都、雾都，是长江上游重要的政治、经济、文化中心，是世界上最大的山水城市。

重庆人文历史悠久，可追溯数千年。重庆一名从何而来？要从"濮"字谈起。夏商时期，重庆为百濮地，《华阳国志》记载有百濮系统，巴人可能是其中的一支。古时，嘉陵江尚称"渝水"。《华阳国志·巴志》记载："阆中有渝水，賨民多居水左右。……陷阵，锐气喜舞。……今所谓'巴渝舞'也。" 其中，渝水指的就是嘉陵江。《水经·潜水注》也有记载："（宕渠）县以延熙中分巴立宕渠郡，盖古賨国也，今有賨城。县有渝水，夹水上下，皆賨民所居。"《寰宇记》第 138 卷记载："宕渠水一名渝水，在县东二里。"宕渠指的是渠县，渝水指的是渠江。今天的渠江是嘉陵江的重要支流，可见渝水在广义上依然指的是嘉陵江。后来古人习惯把今合川区以下一段与渠江合流的嘉陵江通称为渝水、宕渠水。隋开皇元年（581 年），以渝水绕城，改楚州为渝州，治巴县。这是重庆简称"渝"的来历。可见重庆一名自古就与山水有着不解之缘。

北宋崇宁元年（1102 年），因赵谂谋反之事，宋徽宗以"渝"有"变"之意，遂改为恭州。南宋淳熙十六年（1189 年），赵惇（图 1.1）为表孝心，取"天伦之福"之意，

▲ 图 1.1　宋光宗赵惇

升自己的潜藩恭州为重庆府，从此这座山水之城终于定名，"重庆"及其简称"渝"一直沿用至今。

> 名获光宗孝吴后，
> 潜藩恭州升重庆。
> 山水之城八百载，
> 天伦之福永存留。

1.1.2　重庆的地理位置

　　重庆地处我国西南、长江上游、四川盆地东部，位于青藏高原与长江中下游平原的过渡地带（图1.2）。渝东南临接湖北、湖南、贵州，渝南接壤贵州，渝西、渝北连通四川，渝

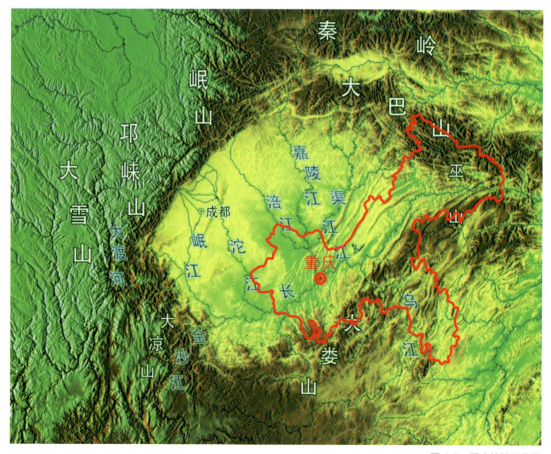

▲ 图 1.2　重庆的地理位置

东北与陕西、湖北相连。境内重峦叠嶂、云峰连绵,江河贯汇、川流不息,地质奇观数不胜数。

重庆自古与江水相依,境内有长江、嘉陵江、乌江、涪江、綦江、大宁河、阿蓬江、酉水河等水系贯流,其中又以长江为主干水系,长江干流自西向东横贯全境,横穿巫山三个背斜,形成著名的瞿塘峡、巫峡、西陵峡,即举世闻名的长江三峡。嘉陵江于渝中区汇入长江,乌江于涪陵区汇入长江。

重庆因城山相映自古就有"山城"之称。既称山城,山就成为重庆不得不说的一大特点。从星空俯视,可见重庆全境皆为群山环抱,其西多是低山丘陵,其北、东、南则山脉起伏、层峦叠嶂,分别有大巴山、巫山、武陵山、大娄山环绕。

说重庆被群山环抱,其实尚有不确切之处,因为重庆的山多呈脉状,且彼此平行展铺,相互间隔,所以更具排列之态,少了些环抱之势。这是重庆山的特点,与他处迥异。这些山脉基本顺着东北向斜铺,延绵数十千米也不改其向,唯在南北两端时方才轻微偏转,北东至云阳、巫山一带逐渐转为近东西的横向,南至江津、綦江一带逐渐转为近南北的径向。纵观之下,宛如用毛笔在大地上勾勒的平行弧线。

1.1.3　重庆地貌

重庆境内这些特征明显的山势地貌,皆源于一系列平行展布的褶皱带所致(图1.3),地质学上称其为侏罗山褶皱,又因其位于四川盆地东部,因而被称为川东褶皱带,地貌学上也称川东平行岭谷。

侏罗山褶皱有两种代表性构造,分别是隔挡式褶皱和隔槽式褶皱。两者在重庆皆有所体现,大致以七曜山基底断裂为界,其西为隔挡式褶皱带,其东为隔槽式褶皱带。两者之间还存在过渡地带,表现为城垛式褶皱。隔挡式褶皱带背斜狭窄、高陡呈梳状,向斜宽缓、简单,沿着华蓥、垫江、石柱一线并排展布;隔槽式褶皱带背斜宽缓、简单,向斜紧凑、狭窄,分布于彭水至湖北;城垛式褶皱带介于前二者之间,背斜宽大、高陡,向斜宽阔、低缓。

为何重庆之山多呈脉状,高陡而间隔?为何能延绵漫长,唯在两端偏转?为何独现于重庆,而迥异于他处?要回答这些问题,就需要我们进入地质演变的历史中,依据时间的脉络回访地壳的沧海桑田,翻阅那曾经写就的地质之书。

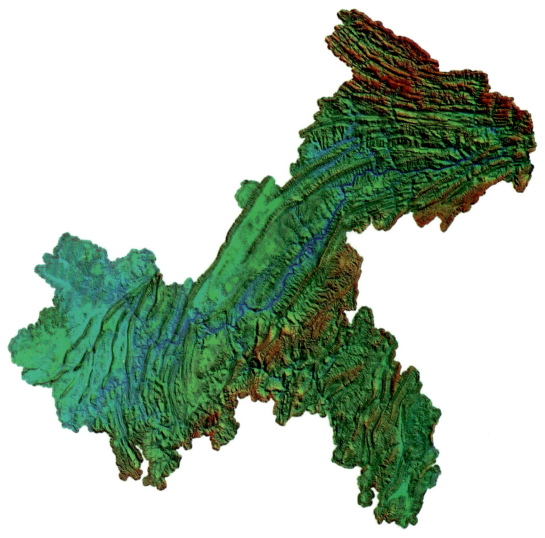

▲ 图 1.3　重庆地貌图

1.2　地质演化历史——天造重庆

　　这本重庆天书的序言，讲述的是一个 8 亿年前的古老故事。彼时出现了一次大型的地质构造运动——晋宁运动，它勾勒了余下故事的主要发生背景——扬子板块（图 1.4）。重庆所在

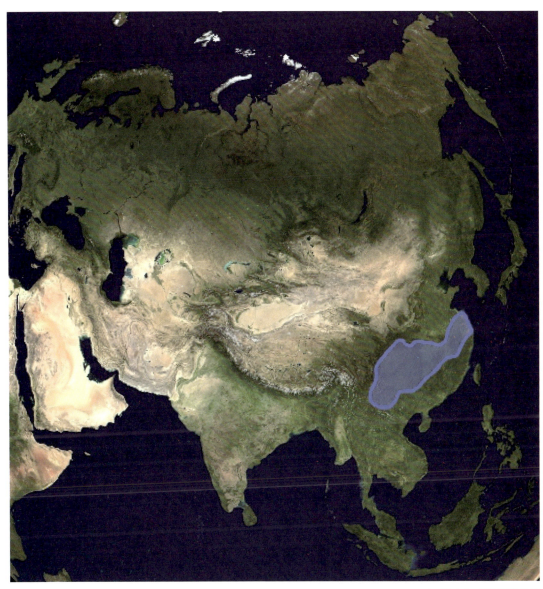

▲ 图 1.4　扬子板块位置

的扬子板块，正是在这一时期固化稳定下来的，并形成一种由基底与沉积盖层构成的二元结构。本书描述的主要情节与冲突，正是发生在二者之间。

　　基底由板溪群的变质岩构成，沉积盖层的形成则需要另一个漫长的过程，一直从寒武纪至白垩纪。随着时间的流淌，岩石层层平铺于基底表面，宛如一页页写满地球沧桑的纸张，并最终形成可观的厚度。同时，沉积过程也并非一帆风顺，其间曾多次被打断，原因是构造运动。你可以想象成有一双手翻阅着地壳沉积的篇章。这双手可能来自一个顽皮的孩童，并不总是乐于安静地阅读；要么随意地撕去几页，在完整的书籍上造成缺失，这就造成地壳的抬升；要么更加顽劣，将整本书挤压揉捏，使其碎作一团，造山带就是这样形成的。

构造运动的双手会蹂躏原本整洁的沉积书页，书页缺失或皱痕出现则能反证构造运动的存在。在那些已经发生的构造运动中，有几个尤其值得关注，分别是印支运动、燕山运动、喜山运动，它们对重庆现代地貌格局有着重要的影响。在翻阅这本地壳演化之书时，我们并不打算逐页翻看，而是跳跃地选择这几个重点，沉积的内容或许比西塞罗的讲演更精彩，不过这对山脉的生成并没有多大贡献，因此它也不是本次的重点。

在这段漫长的地质时光中，重庆一直是一片汪洋大海，直到以下几次地质运动才发生了沧海桑田的历史巨变。

1）印支运动

第一个跳跃的落脚点是印支运动（图1.5）。这双手源自秦岭，在那里它暴虐的脾气显露无遗，而越是往重庆一带其影响的程度越小。在秦岭一带，它粗蛮地将书籍撕毁，形成秦岭造山带，进而又推动地壳南移，形成一系列的山体。

印支运动时期

大巴山

古特提斯海

▲ 图1.5 印支运动时期重庆简图

不过，此次南侵并未波及太广，因为在汉中与神农架附近各有一个更为古老的侵入岩岩柱，二者如铁钉一般死死镶嵌在地上，对此次推进产生阻力。当印支运动推动地壳向南侵略时，两侧因有岩柱坐镇，抵抗明显，使其攻势受阻，进展不大。而中部的抵抗意志则明显要薄弱许多，南侵的势头一直深入巫溪、巫山北部一带才逐渐缓慢下来。当我们俯瞰这一带的地貌时，能见到山脉总体呈现出向南突出的弧线，这就是大巴山弧状构造带。因此，渝东北北部的山体是在印支运动时期就存在的，其形态与重庆其他地区截然不同。

再继续向南，深入到扬子板块，印支运动的影响力进一步削弱。就如同地震在不同距离上造成的烈度变化一样，当能量进一步削弱之后，印支运动只造成了扬子板块地壳的抬升，中断了扬子板块的沉积活动，把中、晚三叠世的那部分内容全部撕去，造成地层上的平行不整合。对于地貌生成史而言，这部分作用并没有显现出什么直接可见的效果。

2）燕山运动

印支运动还带来一个重要变化，结束了重庆海洋的历史，重庆由此进入陆地和湖泊演化阶段。当时重庆乃至四川盆地大部分被一个叫作巴蜀湖的巨大湖泊所覆盖，这个湖泊最早也是长江的一部分（图 1.6）。

▲ 图 1.6　燕山运动时期重庆简图

接踵印支运动之后是大段的盖层沉积历史。跳过这部分内容，我们可以直接把书籍翻至1.9亿～1.3亿年前，这里记录着燕山运动的一些内容。这一次，另一个顽皮的孩童在湖南出现，形成雪峰山造山运动。这次运动对重庆影响最为显著，正是在此时期形成了重庆现代地貌的主体格局。

雪峰山造山带的核心位于湖南一带，它就像秦始皇一样，稳坐于遥远的王座之上，并不断地向前线施加压力。这些压力是造山运动产生的应力，它们一点点累积，最终形成一股强大的推动力，作用于沉积盖层之上，引发了盖层与基底之间的分离，使得盖层在基底之上产生向北西方向的相对滑动，形成一系列只在地表出现的山脉地貌。

我们可以用沙土来完成一个简易的模拟试验，有助于理解这种现象。将沙土铺在平整的地面上，只需要稍薄的一层即可，然后用手掌从一个方向推动沙土，沙土表面就会波状起伏，并呈脉状垂直于用力方向。重庆的山脉地貌就是通过这种滑脱作用形成的。

盖层受推挤向北西滑移，这一运动受到诸多因素的干扰，基底埋深就是其中之一。基底埋深越大，则盖层越厚，利于隔槽式褶皱的形成；基底埋深越小，则盖层越薄，利于隔挡式褶皱的形成。通过改变前文中简易试验的条件，我们一样能观察到这一点，为平整地面增加一个台阶，就能模拟这种基底的变化。

重庆下伏的基底，正好存在这样一个台阶，由此产生基底埋深的变化。此台阶大致位于七曜山一线，其东埋深更大，其西埋深变小。因此，在受到雪峰山造山带的推挤之后，地表的分离、滑动由东向西逐渐递进，并依次出现隔挡式褶皱向城垛式褶皱，再向隔槽式褶皱的形态渐变。

沿着广安—彭水这一方向，逐渐深入板块腹部，这一带基底埋深逐渐变浅，盖层上覆压力逐渐减弱，故而它们的防守能力堪比春秋战国时期的小国一样柔弱，而造山带的压力却仿佛由秦国战神白起亲自指挥一样，所以山脉的生成才能节节推进，势如破竹，一直持续到铜梁至荣昌一线。由于推动力是由东南方向输送而来，在山脉形成之后，它们依然挤压山体，这些作用力集中于山脉东侧，便造成山脉整体西缓东陡的特征；同时，山脉生成是由东向西推进，沉积活动则沿此方向退却，白垩系地层的分布清楚地证明着这一点。

在渝东北一带，情况则没有这么顺利。这里有大巴山弧状带的驻守，当受到东南的压力时，弧状构造带限制了盖层的位移。于是，渝东北的山脉推进过程明显受限，推进速度再无法与广安—彭水一线相比，因此才出现北段的弧状偏转，这是一种攻势受阻的现象。巫山是这次交锋的最前线，因此我们能看见两个不同防线的构造迹线在这里汇聚。北部继承着印支运动的影子，形成一系列近东西向的短轴褶皱，南部是雪峰山推动的前缘，保留着北东向近东西偏转的痕迹。不仅如此，强烈的挤压使得这一带的山体更为紧凑，岩石更为破碎，以至于对此地的工程地质性质等都造成了弥足深远的影响。

　　无论如何，此次的冲突到此结束，雪峰山造山带的推动，形成了重庆山脉地貌的主体格局。受其推动，形成山脉地貌；因基底埋深变化，造成隔槽—隔挡的渐变；因北部大巴山弧状构造带的限制，发生渝东北构造迹线的偏转。

　　燕山运动在形成山脉的同时，巴蜀湖逐渐消失，化身为重庆境内星罗棋布的河流和湖泊。

　　此后，沉积的故事继续上演，或许它宛如塞壬一般美妙，却依然不是驻足之所，直到我们来到喜山运动的跟前（图1.7）。喜马拉雅山的隆起，开启了一个新的章节。对于重庆而言，它形成一股向东的压力，驱使地壳水平运动。这股压力最终作用在燕山期形成的山脉之上，迫使山脉南端偏离原来的迹线方向，发生逆时针偏转，山脉由原本的北东向转变为南北径向，这种现象在重庆西部、南部十分明显。

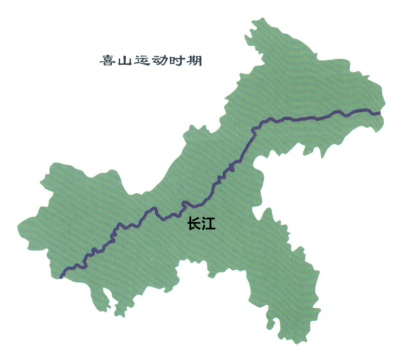

▲ 图 1.7　喜山运动时期重庆简图

同时，在西部，长江开始向东流过重庆，切割巫山。在大约300万年前，巫山被切穿，东西长江贯通，举世闻名的长江三峡形成。长江的各级支流，例如嘉陵江和乌江等形成，同时切割山脉，形成峡谷。

至此，在经过了印支期、燕山期、喜山期的多次地质事件之后，重庆山水格局的基本形态便稳定了下来。印支运动形成了城口、巫溪、巫山北部的弧状山脉，结束了海洋历史；燕山期生成了重庆的主体山脉特征，渝东北因受限制而出现向东西横向偏转，巴蜀湖终结；喜山期的推挤将山脉南端扭转为南北径向，长江水系形成，最终我们看见了今天的重庆山水。而关于重庆演化的问题，方才获得了解答。即便如此，我们依然放弃了许多细节，第四纪以来的多次间歇性的地壳抬升，以及风、水、阳光作用的影响，也为山水形成做出过贡献，殷勤地修枝剪叶。在纵览了近8亿年的时光荏苒之后，我们也更能体会，眼前的一瞬却是构造史数亿年的延绵。

第 **2** 章

重庆的筋骨——山

　　重庆市东临湘鄂南连黔，西接川北靠陕，其位置接近我国大陆领土的几何中心。它的轮廓像一个大写的"人"字，堂堂正正地书写在长江上游，我国中西部的结合处。根据重庆地理信息和遥感应用中心研究显示，重庆不仅山多，而且长得也像山。将重庆地图逆时针旋转 135°，就是一个巨大的"山"字（图 2.1），冥冥之中，似有天意。重庆的山既有华山之险，又含泰山之雄，兼具黄山之秀，更不乏张家界之奇，其分布与成因自成一派。

逆时针旋转 135°

▲ 图 2.1　"山"字与重庆轮廓的高度吻合

　　重庆山的历史大约有 2 亿年。那么亿万年来重庆究竟形成了多少山呢？重庆属于我国陆地地势的第二级阶梯，东北部雄踞着大巴山地，东南部、南部斜贯有巫山、大娄山、武陵山等山脉，地形地貌复杂。根据重庆市地理信息与遥感中心的统计，山地占了重庆全市 70% 以上的面积。在重庆的大部分地区，无论是城市还是农村，可以说抬头就能看到山。

　　众所周知，我国西部海拔高，东部海拔低。全国地势呈三级阶梯状逐级下降（图 2.2），阶梯第一级主要分布在青藏高原附近，海拔在 4 000 米以上；阶梯第二级主要分布在我国主要盆地，海拔 1 000 ~ 2 000 米；阶梯第三级主要分布在我国主要平原，海拔 500 米以下。

　　重庆的地势根据山脉分布也呈现出三级阶梯状下降的特点，区别在于重庆位于四川盆地东部，云贵高原北缘，秦巴山脉南部，因此地势东高西低，由东向西逐级降低。阶梯第一级为盆地周边山区，即渝东北的大巴山、巫山，渝东南的武陵山，横跨二者的七曜山，还有渝南的大娄山，海拔在 1 000 米以上；阶梯第二级主要为中部平行岭谷区，包括华蓥山系和铜锣山与明月山等，海拔 700 ~ 1 000 米；阶梯第三级主要为西部的丘陵和平原区，海拔 700 米以下。

　　曾经有人根据山峰岩石的主体色，把我国著名的五岳对应为五种颜色。东岳泰山为青色，西岳华山为白色，南岳衡山为红色，北岳恒山为黑色，中岳嵩山为黄色。而重庆境内基本没有火山岩，变质岩也不多，岩石基本为沉积岩，大体根据形成环境可以分为海相和陆相两大类。海相为碳酸

▲ 图 2.2 中国地势图——三级阶梯分布图

▲ 图 2.3 蓝重庆与红重庆

盐岩，颜色为灰色、灰蓝色到深灰色、灰黑色。陆相则为碎屑岩，以红色、紫红色砂岩和泥岩为主。因此重庆山体颜色可以概括为蓝色与红色，即分为蓝重庆和红重庆（图2.3）。蓝色岩石形成于海洋环境，代表着海洋的宽广和包容一切的胸怀。红色岩石形成于陆地之上，代表着热情似火和生机勃勃。因此，重庆的山脉非常符合中华文化中的君子之风——自强不息与厚德载物。

重庆山体的蓝色与红色对应的是岩石形成环境，同时也表明重庆山体也是一部亿年历史的地层万卷书，记录了重庆跌宕起伏且波澜壮阔的地质历史。大约从6亿年前开始，重庆被浩瀚的海洋所覆盖，其间也有抬升到海平面之上的时候，但无碍大局。直到大约2亿年前三叠纪晚期，重庆才结束了海洋的历史，逐渐转变为陆地直至今天。

按照地理学，曾经把重庆的山划分为五大山系（图2.4），即华蓥山、大巴山、武陵山、七曜山与大娄山。本书在此划分方案的基础上，对重庆的山脉进行重新划分，不仅考虑山脉的地理分布情况，而且还考虑山脉的构造格局，即考虑褶皱与深大断裂的分布特征。此外，亦结合山脉在民间的知名度情况。综合上述情况，新的山脉划分方案调整为重庆境内的山脉可以划分为五山一岭，即大巴山、武陵山、七曜山、大娄山、巫山和西部平行岭。

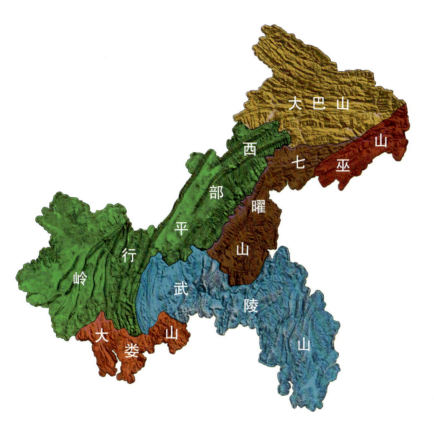

◀ 图 2.4　重庆山系划分

2.1　五山一岭

重庆的五山一岭各有特点，可谓远近高低各不同。

2.1.1　巍峨的大巴山

大巴山位于中国西部，简称巴山。大巴山是一个巨大的山系。广义的大巴山系指绵延重庆、四川、陕西、甘肃和湖北边境山地的总称，绵延 1 000 多千米，为东西走向。大巴山的位置非常重要，是嘉陵江和汉江的分水岭，也是四川盆地和汉中盆地的地理界线。在重庆境内，大巴山雄踞于渝东北的渝陕之界，山势雄伟，大部分海拔在 1 000 ～ 2 000 米，最高峰阴条岭（图 2.5）位于大巴山东缘，海拔 2 797 米，号称重庆屋脊。

大巴山巍峨雄伟，但不是直接抬升起来的高山。这里很多人可能很奇怪，如此高大的大巴山怎么会有这种现象？这是因为大巴山山脉多为向斜尖顶山，属于负地貌类型。大家也许不理

▲ 图 2.5　阴条岭

解，因为受到挤压抬升，所以它应该是背斜山脉，地貌应该是正的。其实这一切都是永恒的时间造成的。最初，地质挤压作用抬升起高大的背斜山脉，这属于内力作用，然而地球表面是内力作用和外力作用共同塑造的，在山脉抬升过程中，同时遭受了风化、流水侵蚀作用。这种外力作用最终目的是削平高山和填平盆地，经年累月，外力作用占据了上风，背斜高山逐渐被削平冲蚀变成了山谷，而最开始的谷地区域则保留了下来，反而形成了山峰，用一句话来概括就是"背斜成谷，向斜成山"（图 2.6），与内力地质作用力相反的地形，这就是前面说的向斜尖顶山和负地貌。因此，今天我们去大巴山阅读"地层万卷书"时（图 2.7），可以观察到总体上越高的位置，岩石年龄越年轻。而无论如何，负地貌的大巴山却比很多正地貌的高山还要巍峨，一样有别样风景可观。

▲ 图 2.6　巍峨的大巴山

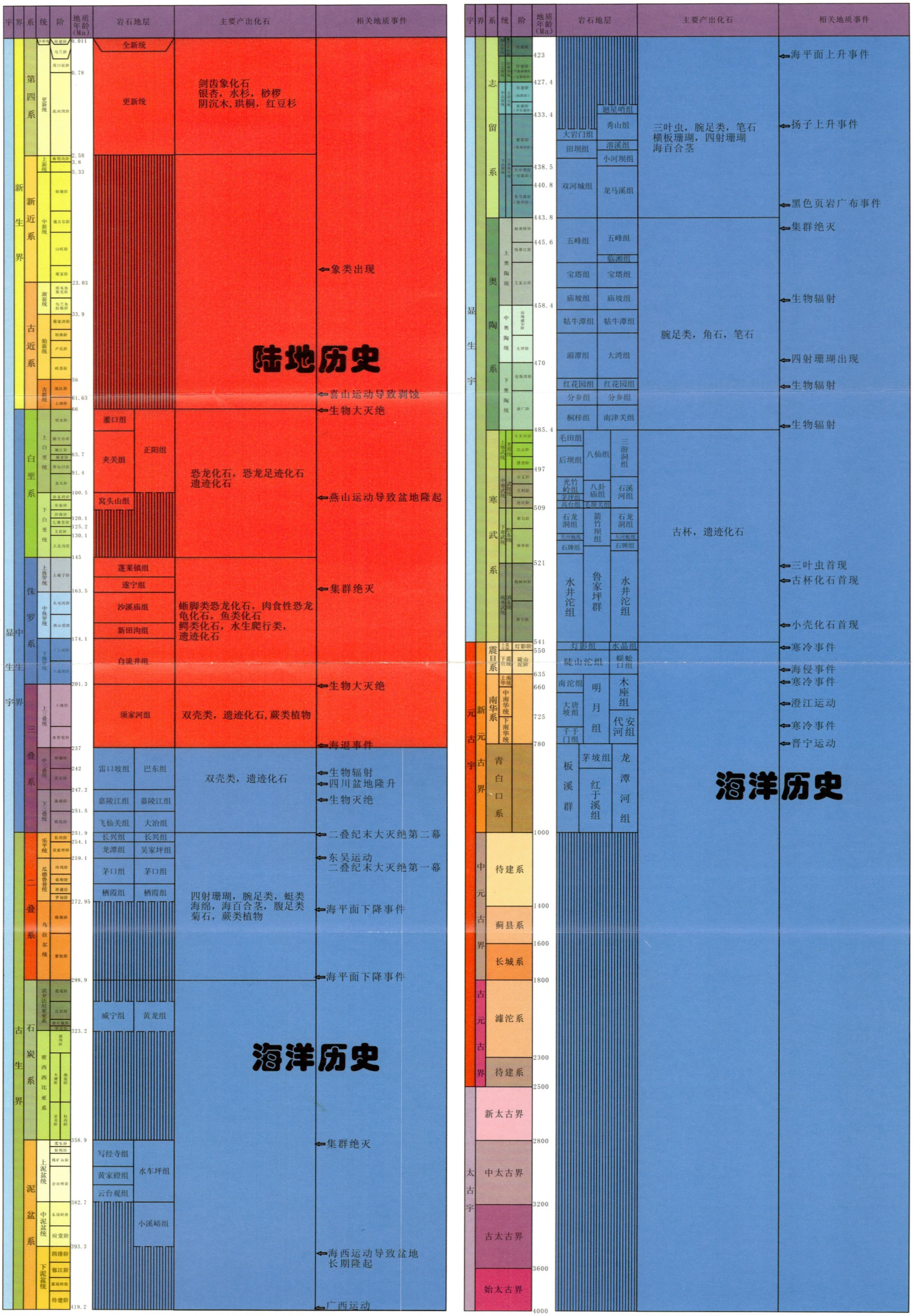

▲ 图 2.7　重庆的"陶宝万卷书"

大巴山常常与著名的秦岭相提并论，这是因为二者不仅在轮廓特征上十分相似，而且在地理作用和历史人文影响方面更有着不解之缘。众所周知，秦岭是我国的南北分界线。而大巴山从历史上的作用来看，堪比秦岭。大巴山脉阻隔渝陕两省，扼守汉江下游，自古就是兵家必争之地。从秦楚争霸、魏蜀争锋，明清农民起义，到红军反"围剿"，复杂而有利的地理位置，造就了大巴山地区丰富而厚重的人文历史。从广义上看，秦岭与大巴山共同构成了我国南方和北方分界线，二者共同扮演了北亚热带和暖温带的过渡地带、长江与黄河的分水岭、南北动植物交会与融合地带、西部高原与东部平原联系山系的重要角色。大巴山作为重庆乃至四川盆地北部的天然屏障，与秦岭共同削弱了北风南侵对四川地区气候形成的影响。因此，几千年来，华夏大地上部落和朝代的兴衰，思想文化的激荡，很多都发生在这里。

2.1.2　秀丽的七曜山

七曜山（图 2.8）一般指的是位于重庆市东部和湖北省西南部的一系列山脉，东北—西南走向。七曜山名称的来源则历经变迁，先后出现了大小 11 种之多，总结如下：

（1）平头山，见于北魏《水经注》；

（2）都亭山，见于唐章怀太子注《后汉书·南蛮本南夷列传》与《通典》；

（3）七曜山、齐曜山，见于明嘉靖四年（1525 年）《湖广图经志书》；

（4）七药山，见于明嘉靖年间申潮奏议；

（5）旗扬山、旗阳山，见于嘉靖《云阳县志》[明嘉靖二十年（1541 年）编修]；

（6）七岳山，见于《明史》[清乾隆四年（1739 年）最后定稿]；

（7）大山坪，见于清乾隆四十年（1775 年）《石柱厅志》；

（8）齐岳山，见于清乾隆四十四年（1779 年）《挂子山界碑记》一文；

（9）齐峨山，见于清嘉庆年间的相关文献；

（10）胜己山，见于南宋王十朋《胜己山》；

（11）齐跃山，1958 年之后。

如今，经过人们的不懈努力，这座秀丽的山脉最终定名为"七曜山"，理由有四条：

（1）七曜山因七峰如七星高照而得名，符合山体实际，又有光明、美好、吉祥的意思；

（2）七曜山主要地段的利川、云阳、奉节、万州区的老百姓都习惯书写和称呼"七曜山"；

（3）万州区自 20 世纪 80 年代地名普查就已经定位为"七曜山"，四川省 20 世纪 80—90

▲ 图 2.8 秀丽的七曜山

年代出版的地图都标为七曜山。

（4）七曜山一名，明嘉靖初年就开始使用，历史较为悠久。

而七曜山的范围同样也历经争议。传统文献和研究曾经将其归入巫山、武陵山甚至大娄山。有人认为七曜山东北起自奉节县，西南至丰都县，止于大塘坝、桐梓山一带；也有人认为七曜山是位于重庆市域东部的一系列大山，西以方斗山一线与平行岭低山区为界，以乌江与大娄山为界，南与武陵山相接；亦有观点认为七曜山诸脉从巫山西北，往东南经奉节、过湖北利川后，一直延伸到石柱、武隆等区县境内。

综合来看，根据地质构造结合地理地貌等因素，可以认定七曜山与周边的武陵山、大娄山都相对独立，为独立的山脉体系。七曜山的范围东北起奉节县，以七曜山基地断裂与巫山为界，西南与武陵山的分界沿方斗山与铜矿山界线和武陵山、七曜山与桐梓山、花塔梁子和凤凰山一线分布。

七曜山可以用秀美一词形容，这一点无论在石柱七曜山国家地质公园，还是在方斗山千野草场等地都有很好的体现。

2.1.3 苍茫的巫山

说起巫山（图2.9），可谓大名鼎鼎。唐诗宋词和长江三峡早已经让巫山为国内的民众所熟知。巫山也由此成为重庆名气最大的山脉。说起巫山，其文化意义已经超过地质学意义。也许会有人好奇，巫山一名从何而来？"巫山"之名源自上古时代今山西晋南一带的宗教神话"巫咸山"，而不是"巫山县之山状若巫字"！随着"山西巫文化（即晋巫）"

▲ 图 2.9 苍茫的巫山

在南方的传播，中国历史上很多地方都曾有过"巫山"记载。唐宋之前，长江三峡地区的"巫山"，实际是指古奉节的"巴东（郡）之山"，唐宋及以后是指古奉节的"夔州之山"。因唐宋文化的巨大影响力，使得三峡地区的"巫山"成了今天中国最有名的"巫山"。但唐诗宋词中的"巫山"大都是泛指方位地理，一般习惯以"巫山"代称整个"长江三峡"，并非狭义指"今天巫山县的山"。

如今，巫山的范围则要大得多，主要指横贯湖北和重庆交界一带，"东北—西南"走向的连绵群峰，包含长江三峡及其周边一带的所有群山。北与大巴山相连，南面以七曜山基底断裂带为界，同时深入武陵山地，东为长江中下游平原，西为四川盆地。

巫山主峰为重庆奉节县境内乌云顶，海拔2 400米。巫山不仅名气巨大，而且地理位置十分重要，不仅是中国地势二、三级阶梯的分界线，也是四川盆地与长江中下游平原的分界线，还是重庆市与湖北省的分界线。

众多诗词中的"巫山云雨"精彩地描述了巫山沐浴云海中的美景，这也说明巫山常年处在云情雨意的环境中，去过巫山三峡旅游的人都看到过巫山笼罩在浓厚云层当中的壮观，给人一种苍茫云海间的豪情，因此我们常用"苍茫"一词来概括性地形容巫山。

2.1.4 清灵的武陵山

武陵山（图2.10）也称武陵山区，是一片幅员辽阔的山系，面积可达10万平方千米。通常认为，它盘踞湖北、湖南、重庆、贵州四省市的交界地带，横跨数十个县市区。属云贵高原云雾山的东延部分，山系呈东北—西南延伸，弧顶突向北西，在地质学上属于新华夏构造带之隆起。武陵山因为跨越了四个省市，已经成为一张名片，其名字被用到很多地方。武陵山主体在湖南西北地区，主峰位于贵州东北，在重庆境内曾经被认为包含秀山、酉阳、黔江、彭水、武隆、石柱和丰都7个区县。本书中我们综合重庆山脉情况，实际划定了武陵山范围，不仅包含了整个秀山、酉阳，还包含了黔江、武隆大部和涪陵、南川、丰都一部分，把原属于武陵山区的石柱划归七曜山。

武陵山总体地势已较低缓，除少数山峰在1 200米以上外，一般海拔在350～900米，地貌以中低山及其间平原为主。值得一提的是，武陵山区中有一种顶面平缓、独具特色的台状山，称为"盖"（图2.11），如著名的川河盖、毛坝盖、平阳盖等。这些都是典型的向斜平顶山，为该区的主要山脉类型，不同于大巴山的向斜尖顶山。

▲ 图 2.10　武陵山

▲ 图 2.11　盖

　　武陵山区山清水秀（图 2.12），给人一种清灵之感。去武陵山区桃花源、仙女山、川河盖、摩围山、三塘盖、八面山等地旅游过的人无不为武陵山中青山绿水所动容，难怪古人常把武陵山作为隐居的首选之地，因为武陵山的清灵可以清净自身，沉淀心灵。

▲ 图 2.12　清灵的武陵山

2.1.5　壮美的大娄山

　　大娄山（图 2.13）是云贵高原北部的山系，为云贵高原边缘往四川盆地的过渡区。大部分在贵州境内，并呈东北—西南走向，重庆市南部江津、綦江、南川、武隆等区县很多区域都位于大娄山范围内。重庆境内最为著名的两座山是金佛山和四面山。金佛山是大娄山主峰，最高海拔 2 238.2 米，也是重庆市南部最高的山峰。亿万年的地质演化让大娄山中广泛分布多级侵蚀夷平面，形成了金佛山台原喀斯特。和常见的山体不同，金佛山山顶甚为平缓，而水平延伸50 多千米的两级灰岩陡崖将山顶圈闭起来。纵使山顶和山麓的海拔高差约 1 900 米，整座山也没有异峰突起的形象，犹如一张巨大的桌子横陈在重庆南部的云贵高原和四川盆地的过渡地带。除此之外，留下的山体支离破碎，缺少其他山系常见的脉状山体，成为大娄山的地貌特征之一。在山顶，白雾弥漫山涧峭壁形成无边云海的神奇气象。因此，南宋地理总志《舆地纪胜》生动地记载道：“过晴霁则祥云覆其上。”

　　与金佛山不同，四面山则完全呈现另外一幅景象，是典型的丹霞地貌，山中到处都是红色的陡崖地貌，地层主要为陆相白垩纪地层。地质学上，四面山被称为倒置山，意思就是山势起伏与地质构造起伏相反。为何如此？与前面的大巴山形成有类似的地方，在褶皱构造运动中背斜成山，然而背斜顶部由于受张力作用裂隙发育，或出露了软弱岩层，经长期侵蚀逐渐变低而成为谷地；相反地，向斜的底部岩石相对较硬，抗蚀力强，最后会高于背斜的轴部而成为向斜山。而四面山更加特殊，长期演化形成了山脉四面围绕的现象，这也是四面山名称的由来。正是四面山独特的地势才造就了"爱情天梯""天下第一心""千瀑之乡"这样的美誉。

正是金佛山与四面山让大娄山成了重庆唯一兼有两种地层和地貌的山脉，无论哪一种都给人一种高大美丽的感觉，因此，如果要用一个词来形容重庆大娄山，那就是壮美。

▲ 图 2.13　壮美的大娄山

2.1.6　凝重的西部平行岭

西部平行岭为川东平行岭谷的一部分。平行岭谷就是一道道山岭和一条条山谷相间排列，相互平行逶迤延展（图 2.14）。川东平行岭谷是中国地质研究的天然标本，30 多条山脉皆作北东走向，并与河流依次平行排列，故地貌上称为川东平行岭谷。自西向东主要有华蓥山（图2.15）、铜锣山（南山）、明月山、铁峰山连精华山（图 2.16）、黄草山（图 2.17）、挖断山连蒋家山（图 2.18）、观面山、方斗山等多条山脉；西南则为华蓥山南延的巴岳山（图2.19）、云雾山、缙云山、中梁山以及箕山、黄瓜山和阴山等支脉。本书按照山脉划分方案给出的西部平行岭，指的是川东平行岭谷长江以东的部分，因此不包含方斗山等。从分布情况来看，这些平行岭谷大部分已经在重庆境内，所以我们可以称其为重庆平行岭谷。放眼国内，重庆的这种平行岭谷居然奇特到全国独此一家。

很多人会好奇：如此气势恢宏的平行岭是如何形成的呢？这种平行岭谷在地质学上被称为典型的褶皱山系。这还是地球运动的杰作。由于地球不同纬度自转线速度不同，产生了向赤道方向的挤压，同时由于地球自转速度的变化，会形成东西向的水平挤压，在这两个方向力量的共同作用下，会产生东南—西北方向的挤压，从而形成了东北—西南走向的山脉。在挤压过程中，向上隆起的部分形成背斜山，而向下弯曲的部分形成向斜谷。二者相间排列就造就了平行岭谷。有人将其比作大地之帚，有人将其比作大地琴弦，有人说像群龙出海，有人说像千手观音的条条手臂。无论如何，这些平行岭谷从空中俯瞰犹如一件自然界巨大的艺术品横陈在大地之上，给人一种厚积凝重之感。

▲ 图 2.14　平行岭谷

▲ 图 2.15　华蓥山

▲ 图 2.16 精华山

▲ 图 2.17 黄草山

▲ 图 2.18　蒋家山

▲ 图2.19　巴岳山

　　从卫星影像图上看去，重庆主城所在的这种独特的平行岭谷地貌，平行排列的这些山体泛着碧绿，堪称地球雕刻的一件艺术品。有人形容"群龙出海"，《中国国家地理》形容像是千手观音伸出的一条条手臂，接着观音展开手掌，展开玉指，重庆城像观音用玉指拾起的一颗珍珠。也有人形容为观音手中轻拂而起的柳枝，洒甘露以滋润重庆。在大学的地理学课堂上，老师还会用一种更为形象的语言来描述它：伸出你的左手，用右手从两边挤捏左手手背，手背上那些隆起的皱纹，就是一组平行岭。星球研究所将其比作大地的琴弦。

　　西部平行岭中最特殊的山无疑就是华蓥山。华蓥山是西部方山丘陵区与中部平行岭谷区的天然分界山脉。华蓥山突起于四川盆地底部，地质构造为褶皱背斜山地，是典型的背斜成山向斜成谷的正地貌类型，山脉作北东向展布，绵延300多千米，山势东缓而西陡，山脉海拔700～2 000米。华蓥山享有"山河俯瞰周千里，绝顶登临眼界宽"的美誉，是全国八大佛教圣地之一。华蓥山主峰位于四川境内，但最为特别之处在于延伸到重庆境内的部分，因为产生分化，其支脉缙云山、中梁山以及龙王洞山与独立成脉的铜锣山、明月山，共同组合为重庆的主城之山。

2.2　城市之山

"名城危踞层岩上，鹰瞵鹗视雄三巴。"这是清末名臣张之洞对重庆古城磅礴气势的描述。在民国时期，重庆"山城"的别称就已闻名遐迩。如果你站在重庆主城之山上远眺城市景观，会深有同感：眼界之内，城市道路高低不平，建筑错落有致，山即是城，城即是山。重庆主城的九个区正位于缙云山、中梁山、龙王洞山帚状平行岭以及铜锣山、明月山以及南温泉山等其他平行山岭间的平缓谷地中。这些山间的谷地并不是一马平川，宽度在 10 ～ 30 千米，长可以随山脉延伸几十千米到上百千米，是重庆人工作和生活的黄金区域。当然，重庆人也根据山势把城市拓展到了山间，甚至打通了山体，把山变为连接纽带。在中国乃至全世界范围内，找不出第二个像重庆一样生长在平行岭谷中的大城市。

对重庆主城影响最大的四座山无疑是缙云山、中梁山、铜锣山和明月山。此外，龙王洞山对重庆的影响力不容忽视。这五座山并不高大，海拔多数在 1 000 米以下，长度几十到上百千米不等，但纵横城区南北，可以被视为"重庆的脊梁"和"天然的生态屏障"，是名副其实的城市之山。

重庆是世界上最大的山水之城。除了重庆主城区位于五座山中之外，重庆境内诸多城市都依山而建，同样可以称为山城。因此这些城市所依靠的山都扮演着主城之山的角色。

2.2.1　秀丽的缙云山

1）何谓缙云山

缙云山（图 2.20）古称巴山，有广义和狭义之分。

广义缙云山指缙云山脉，系华蓥山余脉，是 7 000 万年前燕山运动造就的背斜低山。区内一级背斜为沥鼻峡背斜，北段和中段多呈"一山一岭"形态，南段为"一山一槽二岭"形态。山脉北起于合川老岩头，向南经北碚被嘉陵江横切成峡，再向西南为北碚、沙坪坝、九龙坡、江津四区与璧山之界，最后止于江津油溪北、长江北岸至张家沱，呈东北—西南走向，全长约 140 千米。最高峰位于北碚段的蟑子口，海拔 950.3 米，一般海拔为 500 ～ 700 米。除了著名的缙云山景区外，重庆人熟知的北碚西山坪、璧山金剑山、沙坪坝虎峰山、九龙坡九凤山、江津临峰山等都属于这条广义的缙云山脉。

▲ 图 2.20 缙云山

狭义的缙云山，则特指缙云山脉位于北碚境内嘉陵江温塘峡南岸的一段，地涉北碚澄江、北温泉、歇马和璧山八塘，属国家级风景名胜区，有缙云九峰争秀，环境清幽，景色优美，素有"小峨眉"之称。巴渝十二景之一的"缙岭云霞"，描述的就是缙云山山间霞云姹紫嫣红、五彩缤纷之景象。

关于缙云山名字的由来，有多种传说：

一说黄帝时，有缙云氏后裔居此。据《宋灵成侯庙碑》记载，"此山出于禹别九州之前，黄帝时有缙云氏不才子曰混沌，高辛氏亦有不才子八人投于巴（宗）以御魑魅，名基于此"，故得山名。

二说轩辕帝命名而成。据地方志记载，4 700 年前华夏始祖轩辕黄帝在此山修道炼丹，因丹成之时天空出现非红非紫的祥云，轩辕帝遂命名为"缙云"，缙云山因此而得名。《大明正统道藏》历世真仙体道通鉴卷中也有记载："轩辕黄帝往，炼石于缙云堂，于地炼丹时，有非红非紫之云现，是曰缙云，故名缙云山。"《蜀中广记》卷十七及《缙云山志·历史年表》中说：此山有"轩辕洞"，是黄帝"合神丹""觞百神"的地方，谓之"缙云琼阙"。

三说，因缙云寺而得名。另据《重庆府志》，在王尔鉴的《缙岭云霞》诗中，其序云："缙云山九峰争秀，色赤如霞。缙，赤色也。"缙云山间云雾缭绕，气象万千，云霞时常变得色赤如火，姹紫嫣红，五彩缤纷。古人以赤多白少为缙，故名缙云，遂为山名。

2）缙云山之美

若要比美，至少在目前缙云山在四山当中排名第一。那么缙云山究竟美在何处？

（1）美在奇幻云霞

清代诗人王尔鉴在《巴渝十二景·缙岭云霞》中对缙云山有过这样的描述。

> 蜀山九十九，萃此九峰青。
>
> 霞胃悬丹嶂，云开列翠屏。
>
> 光华歌复旦，肤寸遍沧溟。
>
> 更孕巴渝脉，人文毓秀灵。

"巴渝十二景"之一的"缙岭云霞"，因其"山间白云缭绕，似雾非雾，似烟非烟，磅礴郁积，气象万千。早晚霞云，姹紫嫣红，五彩缤纷"而闻名古今。古代诗人以"缙岭云霞"为题的诗作比较多，除王尔鉴在《巴渝十二景·缙岭云霞》对"缙岭云霞"的咏叹之外，周绍缙、姜会照、王梦庚等诗人，均写过题目同为《缙岭云霞》的诗篇，"仰望缙岭霞，上带赤云彩""云来山掩云如失，云去山空影似留""朝晖状万千，暮彩散余绮""天绘护云霞，晴光玄红紫"……缙云云霞的奇妙变幻在诗人笔下得以生动呈现。

（2）美在奇秀九峰

"江山青峰耸缙云，云来舒卷目缤纷。有时酿作光华日，九十九峰都不醉。"描述了缙云九峰之秀气峥嵘的景象。缙云九峰从北至南依次为朝日峰、香炉峰、狮子峰、聚云峰、猿啸峰、莲花峰、宝塔峰、玉尖峰和夕照峰。

朝日峰——海拔851米，是九峰中从东北到西南的第一峰，因晨光初照，先得朝日而命名，峰峦雄峙，首露峥嵘。

香炉峰——海拔854米，与狮子峰相对峙，峰旁一石柱高约20米，形似香炉。峰上建有高达41米的观景楼，成为北碚地标。

狮子峰——海拔864米，峰顶岩石裸露，突兀嵯峨，在山脚仰望，好似一头雄狮俯卧峻岭，故名狮子峰。峰上建有太虚台，系1938年为庆贺时任中国佛教协会会长、汉藏教理院院长太虚法师五十寿辰所建，专供太虚法师练功。

聚云峰——海拔841米，又名海螺峰，在缙云寺后。因峰顶水气蒸发，常有云雾聚集而得名。

猿啸峰——海拔880米，峰峦险峻。

莲花峰——海拔884米，峰顶岩石状如莲花。

宝塔峰——海拔882.6米，形状似宝塔而得名。

玉尖峰——海拔1 030米，为缙云山的最高峰，也是重庆主城最高处，缙云山因此成为主城第一高山。

夕照峰——海拔882米，是九峰中最末一峰，位置偏西，因为太阳落山，面临夕阳晚照而得名。

缙云九峰奇峰耸翠，林海苍茫，云集了巴山蜀水的幽、险、雄、奇、秀等突出特征，为缙云最奇秀之处。清朝贡生何世昌曾赋诗曰：

狮子摩霄汉，香炉篆太空。

朝阳迎旭日，猿啸乱松风。

石照三千界，莲花七窍通。

玉尖如宝塔，更有聚云峰。

（3）美在沧桑三崖

为什么缙云山又称"小峨眉"呢？除了"峨眉天下幽"的相似景观特点外，缙云山也有佛光崖、舍身崖和相思崖，这就是著名的缙云三崖。

佛光崖为缙云山一绝。在 20 多米高的悬崖绝壁，石壁纹路如大树的年轮，圆中心有一尊坐佛图案，以坐佛为中心，绝壁上呈现出一圈一圈不断扩散的光环图案，直至绝壁边缘，犹如坐佛光芒四射，普照人间。

舍身崖：舍身崖海拔 945 米，是一处高约百米的凹形悬崖。崖下竹海万顷，高低起伏，错落有致。站在崖上可远眺城市和茫茫嘉陵江，令人心生感触。

相思崖：民国时期出版的《北碚志》写道："山有相思崖，娟秀美丽，攀其巅者，徘徊不忍去。"相思崖在香炉峰下，纵横百米，深山一壁，光滑峻峭，气派壮观。

据传宋朝状元冯时行于宋宣和年间在寺中读书时，常流连于相思崖。被贬后重回缙云山，写了《春日题相思寺》五律一首：

> 系艇依寒渚，扶筇上晚林。
>
> 山山春已立，树树雨元深。
>
> 扫叶移床坐，穿云买酒斟。
>
> 相思思底事，老大更无心。

（4）美在青灵黛湖与白云竹海

黛湖（图 2.21）是 20 世纪 30 年代截流而成。由于缙云山植被良好，湖水碧绿，清澈如黛，1930 年，江津白屋诗人吴芳吉便取名为"黛湖"。1935 年，书法家欧阳渐书又题"黛湖"。放眼四望，阳光下的黛湖绿树成荫，湖面碧波荡漾，湖周围古木参天，湖水清亮明净，湖底绿藻参差，湖堤倒影，相映成趣。

白云竹海地处缙云山腰的白云村，背靠夕照峰，因此地有一古刹名白云寺而得名，又因这片竹海在缙云山保护区内，故有人又称之为"缙云竹海"。白云竹海海拔高度 600～700 米，竹海宽度 500～1 500 米，竹林面积达 4 153 亩，是缙云山竹类生长最为集中的地方。从远处望去，可见层层林海，茅屋飞檐掩饰其间，蓝天、白云、绿树相映；放眼林中，可见石板路曲径通幽，延绵至竹海深处。走在山中，给人清新的享受，别有一番回归自然的无限情趣。

（5）美在厚重人文

缙云山不仅景色优美，还蕴藏着丰富的人文资源。有缙云寺、温泉寺、白云观、绍龙观、

▲ 图2.21 黛湖

复兴寺、石华寺等八大古刹和晚唐石照壁、明代石牌坊、宋代石刻等名胜古迹，有世界佛学苑汉藏教理院（1932 年）遗址和狮子峰寨、青龙寨等古寨遗迹，还有 1500 多年历史的佛教圣地，以及 20 世纪 50 年代中共西南局领导夏季办公旧址（贺龙院和小平旧居）等。景区每年举办缙云登山节和"缙云论剑"武林大会。

（6）美在优美诗词

缙云山古为巴县、璧山两县界山，这在历代典籍中皆有记载。其秀美之名也早就冠绝巴渝，古来游者络绎不绝，不少文人墨客在此留下众多诗篇，仅可考的历代诗作就近百首。

除了上述提到过的诗词外，最著名的莫过于李商隐的《夜雨寄北》：

君问归期未有期，巴山夜雨涨秋池。

何当共剪西窗烛，却话巴山夜雨时。

1932 年，太虚大师作《缙云山汉藏教理院开学》：

温泉辟幽径，斜上缙云山。

岩石喧飞瀑，松杉展笑颜。

汉经融藏典，教理叩禅关。

佛地无余障，人天任往还。

九峰开佛刹，双柏闳灵宫。

蟒塔传殊古，狮峰势独雄。

海螺飞翠霭，莲髻耸晴空。

无尽江山胜，都归一览中。

2.2.2　厚重的中梁山

在重庆主城四山之中，与城关系最为密切的当属中梁山（图 2.22）。它是重庆诸山中唯一一条同时被长江、嘉陵江所深切的山脉，分别形成了猫儿峡与观音峡。

中梁山通常指的是中梁山脉，北起北碚柳荫镇麻柳河，经北碚区、合川区、沙坪坝区、九龙坡区、大渡口区，向南直抵江津西湖镇境内三环高速附近。长度正好 100 千米，宽 2 ~ 7 千米，海拔多在 400 ~ 1 000 米。地形总体北高南低。

在中梁山上有一条长约 3 千米的山岭，是沙坪坝区和九龙坡区的分界岭。民国《巴县志》中记载：宋家沟以东"一山突兀，名曰中梁，发自石圳口，南讫于高店，中梁之下有双龙洞……"

这也是中梁山名字的由来。另一方面，中梁山的典型地形特征总结为"一山三岭二槽"地貌，而在"三岭"中，最中间、最高的那一条山岭被称为中梁，这也是"中梁"一词的含义。由此山上的地名多采用"中梁"一词，如中梁山街道、中梁村，新中国成立后应用于整条山脉至今。

中梁山中最著名的莫过于地跨重庆沙坪坝区中梁镇与歌乐山镇的歌乐山。相传歌乐山因大禹治水，召众宾歌乐于此而得名。一般认为，中梁山向南延入重庆沙坪坝区后称为歌乐山。山脉呈东北—西南走向，北起于尖坡顶，南止于望江台，长22.6千米，宽4.6千米。海拔一般在500～700米，主峰云顶寺海拔693米，为重庆市沙坪坝及邻区最高点，高度依山势走向从东北到西南依次降低，在云顶寺山顶上建有重庆的坐标原点。

在地质学上，歌乐山为"川东式"背斜低山，结构上具有典型的中梁山"一山三岭二槽"的特点。岩溶作用发育，槽底高程多在500米，溶槽北窄南宽，在100～500米；槽谷区间多形成洼地与低缓的峰丛残丘等地貌形态。除地下暗河、水库、蓄水岩溶洼地以外，还有众多溪流发源于此。

与秀美的缙云山相比，中梁山更显厚重，体现在以下诸多方面。

▲ 图2.22　中梁山

1）厚重在资源

中梁山中蕴藏着丰富的自然资源，主要有煤炭、石灰石、矿泉水等。中梁山中煤炭资源储量大、质量高。这些煤形成于三叠纪晚期（大约 2 亿年前），当时重庆境内广泛分布有蕨类植物组成的森林，后埋入地下形成了煤层，因此重庆主城四山都曾发现了煤资源。中梁山中出现过众多煤矿，大型的有北部的天府煤矿和南部的中梁山煤矿，小型的有运河煤矿等，都曾是主城乃至重庆重要的煤炭供应基地。在三叠纪早期，重庆还是一片汪洋大海，形成了规模宏大的厚层石灰岩，提供了优质建材。此外，中梁山中产有天然优质矿泉水，取自中梁山山脉地下258 米的三叠纪石英砂岩层，富含有益人体健康的多种微量元素和矿物质。目前已经形成了中梁山矿泉水品牌。这些资源都为重庆城市的发展提供了重要的资源。

2）厚重在农耕

中梁山上槽谷广布，民间有"槽上"（图 2.23）的说法，指的是在山脉顶部分布有大面积相对平坦的山间地，这是由于漫长地质历史中溶蚀形成平地，加上风化作用，形成了大面积的土壤。再加上良好的水文条件，由此形成了重庆重要的传统农耕区，可以种植多种作物。中梁山最北端北碚静观镇段海拔 1 000 米的中华山上产小米，迄今已有 500 多年历史。相传自明太祖以后，静观小米一直为宫中贡品。在观音峡南岸北碚段的槽上产萝卜和卷心菜等；在沙坪坝段中梁镇一带产蓝莓、草莓；在大渡口段跳蹬镇一带产花椒；在猫儿峡以南江津龙门槽西麓产柑橘等，均为优质农产品。

▲ 图 2.23　槽上

3）厚重在历史

历经沧桑的中梁山积淀了厚重的历史人文，其中位于沙坪坝区的歌乐山承载了主要部分。歌乐山被誉为流淌着文化的山。明朝诗人刘道开在《宿歌乐山白海楼》中写道："山应参蹿秀，江回巴字流。楼高临白海，客到是清秋。"清著名诗人姜会照留下"万树松篁振响遥，一天风雨奏箫韶"的诗句。当代著名诗人臧克家抗战时寄居歌乐山三年，离开到沪，写下长诗《歌乐山》，表达"我永远占有了歌乐山"。歌乐山以其浓郁的巴渝特色文化在重庆乃至国内都闻名遐迩，这里承载着红岩革命文化最重要的一部分内容。白公馆、渣滓洞和松林坡等地发生的革命先烈的事迹，特别是随着长篇小说《红岩》在全国范围内的广泛流传为人所熟知。抗战时期，山上还遍布着各种政府机关、学校、医院，仅军政要员和社会名流的公馆寓所就有222处之多。蜿蜒曲折的盘山公路成为战时首都与其他各地血脉相连的大动脉，这些沉淀诞生了抗战文化。时至今日，漫长历史留给了歌乐山巴渝十二景之"歌乐灵音"的空灵幽美，曾风靡江湖的美食辣子鸡等，这些都给歌乐山乃至中梁山平添了十足魅力。

2.2.3　朴实的铜锣山

铜锣山（图2.24）是川东平行褶皱岭谷区的第二条山脉。它北起四川达川区雷音铺山北端，呈东北—西南走向，跨四川达州、大竹、邻水和重庆长寿区、渝北区、南岸区、巴南区、綦江区，止于綦江北岸天台山，全长260千米，宽5～10千米，一般海拔600～1000米，最高峰万峰山在邻水县龙安镇境内，海拔1054米，因长江横切重庆市以东的山岭，形成铜锣峡，峡中江水击石，有如铜锣之声，故名铜锣山，长江以北也称中山，以南又称南温泉山或黄山。

▲ 图2.24　铜锣山（周家山）

铜锣山在地质学上为背斜构造，背斜轴部遭长期溶蚀，呈"一山二岭一槽"形态。槽内残丘、溶蚀洼地、落水洞星罗棋布，是典型的岩溶景观。谷地地势平坦开阔，人烟密集，良田连片，物产富饶。槽谷两侧溶洞遍布，亦分布有温泉，内含丰富的对人体有益的微量元素。铜锣山有煤、铁、石灰石、硅石、石膏、白云石、石英砂、天然气、矿泉水和锂、铍等 10 余种矿藏。群山几乎被茂密的森林所覆盖，千峰披绿，遮天蔽日。

同中梁山一样，铜锣山产出巨厚的三叠纪灰岩地层。该灰岩质地纯正，厚度巨大，分布面积广大，是理想的工业开采原料。而且岩层基本都出露于地表，开采极为便利，因此开采历史悠久，铜锣山石灰岩矿床具有规模大、品质高、杂质少、层位稳定等优越条件，是理想的灰岩矿产基地。后来矿山关停，留下了 41 个矿坑，雨水在深坑中汇集，形成了 10 处较大的坑塘湖（图 2.25），串珠状镶嵌在铜锣山间，坑壁险峻，陡峭多姿，蔚为壮观。湖水终年碧蓝澄澈，随着季节推移，光照变化，呈现不同的色调与水韵，与四川九寨沟堰塞湖景观十分相似，具有极佳的观赏价值。七彩池在阳光的照射下随着时间的变换呈现出七种颜色。从高处俯瞰，心形池如同巨大的蓝色心脏在大地上跳动。诸多的坑塘湖犹如镶嵌在大地上的翡翠，映照天空的镜子，无不展示出自然界在人类工矿活动后神奇的变迁力量。矿坑之间由采矿形成的人工峡谷相连，穿行其中，有一种"山重水复疑无路，柳暗花明又一坑"的奇妙感受，被本地人称为重庆"小九寨"。

2.2.4　清逸的明月山

关于明月山（图 2.26），国内有多处山脉均有此名称，名气较大的莫过于江西的明月山，此外，河北遵化、湖北巴东、四川蓬溪、湖南攸县与沅陵也有分布。而绵延数百里的明月山位于四川省东北边缘和重庆市境内。

明月山为川东平行褶皱岭谷区的第三条山脉，北起四川省开江县，南至重庆市巴南区永兴场，东北—西南走向，跨四川达州、重庆梁平、四川大竹、四川邻水、重庆垫江、重庆长寿、重庆渝北与重庆巴南。全长 232 千米，宽 4 ~ 6 千米，一般海拔 700 ~ 1 000 米。最高峰为四川大竹县和重庆垫江县交界处的峰顶山，海拔 1 189 米。因长江横切渝北区与巴南区之间的山岭，形成峡谷。峡岸峭壁上"有圆孔如满月状"，故称明月峡，山以峡为名，称为明月山。

明月山山体总体呈"一山二岭"特征，具体可以分为南段与北段，南段呈"一槽"特征，北段呈"二槽"特征。谷内喀斯特地貌发育，并有耕地分布；两侧山脊（岭）则由砂岩构成，有煤产出。槽谷多在重庆垫江、长寿县境内。明月山有煤、天然气、石膏等矿藏，森林资源丰富，五华山林场等对大洪河的水源涵养起着良好作用。明月山中分布着蕨类植物桫椤。这种恐龙时代的植物在第四纪冰川期濒于灭绝，而今世界罕见，故称"生物活化石"，有重大的科研价值和旅游开发价值。

▲ 图2.25 坑塘湖

▲ 图 2.26 明月山

2.2.5 含蓄的龙王洞山

如果从空中俯瞰重庆主城之上，就会发现在中梁、铜锣两山之间，靠中梁山右侧有一座伸出的山脉，长度虽不及四山，但亦十分显著。这条山脉就是龙王洞山（图2.27）。之前，众多文献均把龙王洞山作为中梁山的一个分支。然而，从地质构造上讲，龙王洞山与四山同属华蓥山带状褶皱束，即均为华蓥山进入重庆后的余脉，山脉为一巨大背斜——龙王洞背斜，与中梁山所属的观音峡背斜情况相同。因此，无论从成因还是形态上，二者都是华蓥山的两条独立支脉，唯一的区别就是长度不同而已，因此，龙王洞山显然不能归属于中梁山，而是应该独立成山，与四山共同构建了重庆城市山水格局。

龙王洞山范围北起渝北茨竹镇自力村一带，南抵渝北北碚两区交界的后河，东以后河、观音洞水库与中山梁子分界，南北长约33千米，东西宽多在3～5千米，最高海拔约1045米，位于北碚区三圣镇茅庵村白房子一带。

龙王洞山其实一直被叫作东山，清道光《江北厅志》就载其为"东山"，称其"自大华蓥分脉，高五里，绵亘三十余里，林壑幽奥，气势磅礴，产松、杉、竹及铁矿、煤炭等物"，甚至在1996年出版的《江北县志》及地图插页中，也还是多用"东山""西山"来指代"龙王洞山""中梁山"。这是一种直接且便捷的山脉命名方式，即以一平地为中心，两侧的山脉分别称为"东山""西山"。在遍布平行岭的重庆其他区县中也多有所见，如璧山人称境内缙云山、云雾山分别为东山、西山，长寿人称境内西部的明月山为西山，梁平境内三条平行岭也有东山、中山、西山之称，等等。显然这种命名方式会造成重庆山脉命名上的混乱，因此需要有独自名称。

而龙王洞这一名称获取也颇有历史渊源，这与龙王洞山中的煤矿有关系。该煤矿1810年诞生于龙王洞，1904年英商参与扩建，后由爱国实业家收回，改名江合煤矿。最早的采矿区龙王洞最为繁荣，新建了龙王场、龙王乡，承载了江河煤矿大部分矿井，由此，"龙王洞"声名鹊起。解放后江合煤矿更名为江北煤矿，而龙王洞依旧占据人们心里，逐渐取代东山，成为山脉的名称一直沿用至今。随着重庆城市化发展进程，各个地区之间联系日益紧密，一体化格局越发明晰，在此背景下，龙王洞一名比东山更显科学，既可避免上述混乱，又体现了地方特色。如今，江合煤矿变身为重庆江合煤矿国家矿山公园，龙王洞山将再添一景点，迎来新的时代。

▲ 图 2.27　龙王洞山

2.2.6　不容小觑的龙多山

在丘陵区，地势已经趋于平坦，山脉几近消失，然而依然有奇山挺立。这里的奇山代表就是龙多山（图 2.28）。龙多山位于合川区龙凤镇与潼南区龙形镇接壤处，主峰位于合川，山脉绵延十里，海拔 619 米，相对高度 242 米，潼南境内最高点海拔 583 米。龙多山原名紫薇山，相传西晋永嘉三年（309 年），有广汉仙人冯盖罗在山上炼丹，全家 17 人飞升仙去，龙多山从此声名鹊起。据说女皇武则天儿时曾受龙多山上的道人指点，说她有帝王之相。她登基后重访此山，感觉峰岭逶迤，飞腾蜿蜒，宛若龙蟠，绵延天外，酷似腾飞巨龙，故将其更名为龙多山。由此，龙多山名闻天下，声望比肩峨眉山与青城山。后唐玄宗到访此山，留有圣旨提及：五岳之外别有它山，唯龙多以当之！此后一段时间，唯它与五岳齐名。由此这座海拔远不及五岳的小山却有了五岳一般的气韵。"山不在高，有仙则名"，龙多山可谓此名句的上佳注解。

龙多山高度与重庆众多高山相形见绌，但依旧具有山脉应有之美景，即龙多山八景，包括鹫台献瑞、飞仙流泉、怪石衔松、晴岩绕翠、黄龙吐雾、赤城旧迹、横江白练、群峰堆翠。而且龙多山历史意义重大。在山北面，一巨石中部断裂，传为古巴、蜀界石。由此，龙多山被认为是古代巴国、蜀国的争夺地和分界线。此外，由于龙多山山石巨大，其上保存了千百年来的众多古建筑、古石刻艺术、摩崖造像和石刻碑记等，更显示出厚重的历史底蕴（图 2.29）。

▲ 图 2.28　龙多山

▲ 图 2.29　龙多山富含历史底蕴的古建筑

2.2.7　不为人所知的云雾山

华蓥山主峰延伸到重庆境内分化后除了产生主城之山以外，还产生了一座绵长的山脉，这就是云雾山（图2.30）。说起"云雾山"，这个词应用可谓十分广泛，全国多地都有云雾山，陕西有两座云雾山，湖北、四川、贵州、河北、湖南、宁夏、广东、甘肃、浙江境内也都有云雾山。其中比较出名的是广东的云雾山，已经出版有相关书籍加以介绍。其余各地云雾山大都已成为风景名山，反而重庆的云雾山存在感最低，但又恰恰不应该被人们所忽略。

云雾山脉东起合川区盐井街道的嘉陵江，向西南延伸至永川与江津石笋山，全长约116千米，这个长度超过了缙云山。云雾山脉平均海拔545米，最高海拔886米，同时为合川、璧山、北碚三区的分水岭，亦是嘉陵江一级支流璧北河的源头。

云雾山得名来源已不可考，顾名思义，必然因为山势高峻，常年有云雾缭绕而得名。山中森林覆盖率极高，槽沟众多，山间溪流交错，自然风光优美，亦不乏人文故事。最南端的石笋山分为男石笋山和女石笋山，因流传千年男女石笋山的动人爱情故事而被誉为"西部情山"。总体来看，云雾山名气不大的一个重要原因是缺少文人墨客留下诗词歌赋，其山脉无论风韵和资源禀赋都不输于主城四山，完全值得人们去欣赏回味，妙笔生花。

2.2.8　城中之山

重庆主城位于四山当中，而城区主体是位于四山之间的谷地当中。这些谷地当中也并非全部是平地，局部也有小山，拔地而起，成为城中之山，城中风光，亦是山水重庆的另一个不为人所知的特色。从地质学上看，这些小山实则为向斜谷地中砂岩和页岩所形成的小丘，称为向斜台地低山。这些小山有几十座，分布面积一般为几平方千米，少数可以达到几十平方千米。其实有些小山风景不亚于名山，知名度也在逐步扩大。我们可择几处来介绍。

1）照母山

照母山是位于主城区C位的一座小山（图2.31），其实主城之山范围内分布着众多类似地貌凸起，虽体量不及大山，亦不失山之本色，可登可赏，还兼有光宗状元得名典故和风水龙脉一说。山下人和水库紧邻相伴，平添湖光山色风景（图2.32）。此可谓：

山水之城含山水，雪冬绿春无逊美。

光宗状元谁照母，游此龙脉不须悔。

▲ 图 2.30 云雾山

▲ 图 2.31　照母山

▲ 图 2.32　湖光山色风景

2）云篆山

云篆山（图2.33）位于重庆市巴南区鱼洞境内，主峰海拔650米，有直入云霄之气势，山脉逶迤20余千米，以野、静、奇著称。"云篆清风"为巴渝十二景之一。云篆山缘何得名，一说山势高耸起伏曲折，蜿蜒若篆，另一说此地山高通天绝世隔尘，风清云清，时有流云如篆，故名云篆。无论哪种说法都证明了云篆山的奇美。

云篆山呈宝塔形，气势雄伟，由九堡十三湾组成，远视如睡佛望月仰望星空，近观犹如一庞大擎天柱直插云间。山体紧邻长江，素有"滔滔长江水，巍巍云篆山"之说。山上有云山湖，因此步入山中，可见森林茂密，碧波荡漾。山中亦蕴藏厚重的人文历史，古寨门、云篆寺清风楼、罗汉井都诉说着云篆山的历史沧桑。"风送云为御，云盘山几重。如何非象马，偏是走蛇龙。涧影环飞瀑，江涛曲泛松。偶闻樵子唱，余韵袅前峰。"时任巴县知县王尔鉴到云篆山游览作诗咏之。明朝著名军师刘伯温高度评价云篆山："天下大乱，此地无忧；天下大旱，此地得半。"

▲ 图2.33　云篆山

3）樵坪山

樵坪山（图2.34）位于巴南区南泉镇，面积约25平方千米，平均海拔650米，最高峰马鞍山海拔750米。樵坪山从山下往上看，山体于盆地中孤峰拔起，峭壁险峻，非常类似飞来之峰；登临山头，则四周一望平川，岗峦列布，高下无殊，有居高临下之感。宋代以后，樵坪山成为佛教圣地。如今樵坪山以古寨、古寺、古墓而著称于世。

▲ 图 2.34　樵坪山

第 3 章

重庆的血液——水

　　如果山是重庆伟岸的筋骨，那么水就是重庆沸腾的血液。重庆地图不仅与"山"字十分匹配，与"水"字也有着不解之缘，将草书写法的"水"字顺时针旋转 42°，与重庆地图高度吻合（图 3.1），似乎同样也是天作之合。

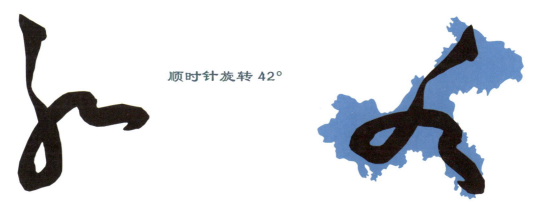

顺时针旋转 42°

▲ 图 3.1　重庆轮廓与水字吻合

　　重庆境内江河纵横，因此重庆既称"山城"，又称"江城"。在 2006 年"中国第一江城"的评比中，重庆夺得魁首。不仅重庆主城长江和嘉陵江合为一体称为江城，重庆境内多个城市亦可称为江城。像乌江在涪陵注入长江，大宁河在巫山注入长江，小江在云阳注入长江，龙溪河在长寿注入长江等。此外，多个大城市都建在大江大河岸边。因此大重庆也是一座自然山、水、人合一的城市。

　　按照重庆境内"地层万卷书"的记载，重庆最早的水可以追溯到大约 8 亿年前，当时重庆还是滨海到浅海环境。大体在同一时间，地球上发生了一次重要事件，就是著名的"雪球事件"，整个地球几乎被冰川覆盖。重庆当时处在真实的冰河世纪，因此也留下了这段时间的记录，这也是重庆最早的淡水记录。

　　为什么说水是重庆的血液？如果把重庆比作一个人，那么重庆的水系就如同人体内的血管。人体利用血液循环传输营养，而重庆则利用江河的便利塑造城市。重庆的江河创造了舟船往来交通之便。山路崎岖起伏，而水路就是当时的高速公路，以江河为动脉，造就了重庆农业与商业的蓬勃发展。千百年来，江河是两江四岸居民生活用水和食物的重要来源，还作为农业灌溉水源，带来了重庆人口与城市的兴盛。重庆以江河为媒介，引导着腾飞发展的未来。

　　重庆完全处在长江流域当中，因此境内的水系全部为长江水系。千万年来，重庆的这些江河或源于斯，或经于斯，或汇于斯，萦绕于方山丘陵切割山谷，奔腾于崇山峻岭，终于造就了今天铺排在重庆大地上的水网，犹如人体的血脉，粗干细枝，纵横交错。其中重要以及独特的河流有长江，北岸的重要支流嘉陵江、大宁河、小江、龙溪河，还有嘉陵江的两大支流涪江和渠江，南岸的乌江和綦江，还有乌江的骨干支流阿蓬江、阿依河和芙蓉江。此外，还有在市外注入长江中游洞庭湖水系的酉水河、不按"常理出牌"的任河与濑溪河（图3.2）。

除了江河溪流，重庆境内还分布着数十个湖泊，有天然形成的，也有人工造就的，犹如明珠镶嵌在大地之上。此外，地面之下还有不显山露水的地下水，或形成地下暗河，或形成温泉和矿泉，造福于人。重庆的山是壮丽的，而水是秀美的。水如同上天这个艺术家手中的画笔和刻刀，在重庆千里大地上的山川峻岭中巧妙地刻画出美丽的山水风光。这里面有峡谷，有瀑布，有江中岛，还有溶洞，把山水完美融合在一起，给珍贵的重庆血液平添了艺术气息。

▲ 图 3.2　重庆的水系略图

　　长江无疑是重庆境内的"主人"河流，扮演着当之无愧的主角。万里长江的形成历史长达亿万年，其中几经波折，重庆无疑是最关键的见证者。正是因为长江三峡的形成，才有长江贯通和东入大海。因此我们必须把长江单独列出来描述，作为重庆之水的开启篇章。

3.1　滚滚长江

　　长江是我国第一大河，世界第三长河，也是中华民族的母亲河。长江发源于青藏高原唐古拉山主峰各拉丹东的西南侧，自青藏高原蜿蜒东流，经青海、西藏、四川、重庆、云南、湖北、湖南、江西、安徽、江苏和上海 11 个省（区、市），在上海崇明岛以东注入东海。全长 6 397.46 千米，流域面积 180 多万平方千米，占全国面积的 1/5。

　　长江在中国乃至世界都是独一无二的，有着众多世界之最。长江江源海拔 6 543 米，是世界最高的大江之源；长江山地面占全程的 5/9，白蚀河段占全程的 5/7，是世界上山地白蚀河段最长和所占比例最大的大江；长江历史悠久，可追溯到距今 2 亿年前，几经沧桑，是世界上历史最为复杂和历史遗迹保存最完整的大江；长江蕴藏水能 2.3 亿千瓦，是世界上水力资源最为丰富的大江；长江全部位于中国境内，是世界上最长的国内河流；长江流域人口在 3 亿人以上，是世界上流域人口最多的大江；长江是世界上旅游、探险资源最丰富的大江；长江连接着地球上最大的大陆、高原和海洋。长江对流域生态环境和边缘海的海洋环境产生重大影响，在全球变化中扮演着重要角色。长江是中华民族的母亲河之一，孕育了璀璨的中华文明。长江是中华民族的命脉，在我国当今社会经济发展和生态环境建设中具有举足轻重的战略位置。

　　你也许不知道，长江最早也不叫"长江"。这个名词的起源可以追溯到春秋时期。我国最早的一部诗歌总集《诗经》中早有记载，"汉之广矣，不可泳思。江之永矣，不可方思"（《周南·汉广》）。这是当时赞叹长江的诗句，说明在 2 500 多年前人们就把长江称为"江"了。汉代以后，长江一度被称为"大江"，描述的是长江的磅礴大气。到了唐宋时期，人们对长江的认识逐步加深，感到单称"江"或"大江"不能完全表达这条伟岸大河源远流长的特征，所以改名"长江"。而流传千古的唐诗宋词中多有描述与赞美，于是"长江"一词日渐流传，一直到今天。很多描述长江的古诗词都源于重庆，因此重庆和长江有着不解之缘。

3.1.1 长江与重庆

长江的源头位于沱沱河和通天河流域。这里地势平缓， 曲流发育。到了青藏高原的东南缘金沙江流域， 高山峡谷，地势陡降。后进入四川盆地南部，地势坡降急剧减小，再东出三峡进入江汉平原， 从宜昌到入海口千余千米， 海拔高度下降仅百米， 因此流速较低， 江面宽阔。重庆位于长江地势坡降急剧减小地区。按照地形及坡降，河流分为山区河流和平原河流，重庆为山城，因此长江重庆段类型为山区河流。按同一河流发育阶段，河流的上游属幼年期，中游属壮年期，下游属老年期。按此划分，长江重庆段位于长江中游，因此重庆境内的长江正处在壮年期，参照人生，即处在生命活力最旺盛的阶段，由此造就了无数地球奇观，包括下文中的峡谷、江心洲等。常年的水文监测表明，长江重庆段，尤其是三峡库区的水质基本保持稳定。干流水质达到Ⅱ类水域水质标准，支流水质符合Ⅱ—Ⅲ类水质标准，均满足水域功能要求，也就是说，长江干流可以成为水源地一级保护区、珍惜水生生物栖息地、鱼虾类产卵场、仔稚幼鱼的梭饵场等，而支流则可以成为水源地二级保护区、鱼虾类越冬场、洄游通道、水产养殖区等渔业水域及游泳区，总体水环境十分稳定。

江河从上游到下游，河流中的水在流动过程中，随着流速的变化，有时会表现出侵蚀性，有时会表现出沉积性，从而塑造出不同的地形和地貌。长江流经重庆，由于多为山地以及丘陵，因此河流落差较大，流速相对较快，此时长江更多表现为侵蚀性，犹如自然艺术雕刻刀，在重庆大地上刻画出千姿百态的壮丽风光。

长江重庆段扮演着承前启后的关键作用，承接了上游来自金沙江的波涛力量，转呈后进入长江中下游平原。出三峡后，长江主要表现出沉积性，塑造了大面积的冲积平原，地势低平、土壤肥沃、水源充足，成为人类生产和生活的理想区域。由此可见，长江重庆段既塑造出了独特的自身，同时对中华民族的历史发展也做出了难以估量的贡献。

重庆位置地处长江上游，重庆境内的三峡部分是长江形成的最关键地点，见证了今日长江最终格局的形成，因此重庆和长江一直有着不解之缘。地质历史上，大约7 000多万年前，长江曾经向南流动。如果按照这个趋势，长江将会最终注入印度洋当中，这样整个中国乃至地球的历史都会被改写。然而天佑中华，喜山运动让青藏高原快速隆升，中国的地势形成西高东低的趋势，长江由此开始向东奔流，形成了巨大的"长江第一弯"，直至今天。在重庆范围内，长江自江津石蟆镇入境，经重庆主城、长寿、忠县、万州、云阳、奉节至巫山县碚石镇出境，全长691千米。长江对重庆的自然地理格局的塑造起着非常关键的作用，对造就巴渝文化和城市发展格局有着不容忽视的影响。

可以说正是有了长江，才有了长江三峡，才会有人类有史以来最大的水利工程——三峡大坝，才会有重庆直辖市的诞生。可以说长江造就了重庆，而重庆反过来则成了长江的最好见证者。

3.1.2 长江的历史

长江在中国的地位如此重要，长江诞生或者说起源的历史一直是人们关注的话题，自古就有人记述。早在 2 000 多年前的战国时期，在被誉为中国第一篇区域地理著作的《尚书·禹贡》中就有"岷山导江"的记述："岷山导江，东别为沱，又东至于澧；过九江，至于东陵，东迆北，会于汇；东为不江，入于海。"这段话描述了长江东入大海，但很容易让人理解为长江起源于岷山。于是在诸如《汉书·地理志》《山海经》《水经注》这样的经典著作中，都认为"岷江为长江之源"。直到明代著名地理学家徐霞客在《溯江纪源》一文中指出，"导江自岷山，而江源亦不出于岷山。岷流入江，而未始为江源……推江源者，必当以金沙为首"。徐霞客的这一论断是经过他本人一生最伟大的探索后得出的，名为探索，实际上是一次科学野外考察，徐霞客不仅遍考各种古籍文献，而且还开展实地考证。因此他的结论无疑是正确的，从而揭开了真正的长江起源科学探寻之路。

上文已述，重庆境内的长江三峡是长江最终形成的见证地区。长江不仅为重庆带来丰富的水源、便利的交通和秀美的风光，还带来了大量优美的文学篇章。从古到今，有很多伟大诗人，像李白、杜甫、苏轼等都写出了很多关于长江的不朽诗篇为人们千古传诵。仅就写三峡的诗篇就不胜枚举，重庆的奉节更是被誉为"中华诗城"。站在长江边，人们一定会不由自主地吟诵出：

朝辞白帝彩云间，千里江陵一日还。

两岸猿声啼不住，轻舟已过万重山。

——李白《早发白帝城》

孤帆远影碧空尽，唯见长江天际流。

——李白《黄鹤楼送孟浩然之广陵》

无边落木萧萧下，不尽长江滚滚来。

——杜甫《登高》

大江东去，浪淘尽，千古风流人物。

——苏轼《念奴娇·赤壁怀古》

> 滚滚长江东逝水，浪花淘尽英雄。
>
> ——杨慎《临江仙·滚滚长江东逝水》
>
> 眼见长江趋大海，青天却似向西飞。
>
> ——孔尚任《北固山看大江》

现代有一首气贯长虹的《长江之歌》，里面写道：

> 你从远古走来，
>
> 春潮是你的风采，
>
> 你向未来奔去，
>
> 涛声回荡在天外。

无论是徐霞客的论断，还是古诗以及歌词，都透露出同一种信息：长江的起源是雪山，是向东流入大海。那么长江的历史一直是这个样子吗？长江的身世究竟如何？这些问题恐怕伟大的古人们，还有现代大多数人都无法回答。幸运的是，按照徐霞客秉承的科学精神，现代的地球科学研究已经为我们揭晓了答案，我们发现这同样是一段气势恢宏的地质诗篇，我们称之为长江史诗。

这首诗讲述的是长江形成的四部曲，即四个阶段，我们就通过这四个阶段来讲述长江形成的故事。

故事要从约2亿年前的三叠纪（图3.3）讲起，那时中国大陆地形并非今天这般是一片宽广美丽的土地，而是辽阔的海洋。三叠纪的海水主要分布在昆仑山和秦岭以南，当时古地中海（专业上称特提斯海，就是今天的地中海，未来将会消失）与古太平洋是连通的。后来发生了全球规模的地质运动，我们称之为印支运动，这次运动导致我国东部逐渐升高，古地中海向西退缩与古太平洋分隔开来，在今天长江三峡地区形成一个古海湾，称为鄂西海湾。而其以东则被浩瀚的古太平洋海水所覆盖。这就是长江形成的地质背景，真可谓"一片汪洋都不见"。

随着印支运动的不断进行，大约在1.8亿年前侏罗纪早期（图3.4），古地中海大规模地往西退缩。秦岭开始出现，横断山脉不断崛起，云贵高原同时隆起。在秦岭、横断山脉、云贵高原之间的低洼处，形成了几处大的水体，像覆盖重庆和四川的巴蜀湖、云梦泽、滇池等。它们相互间连成一体，向西从南涧海峡注入古地中海，这就是古长江最早的雏形，即"大河西入古海间"。

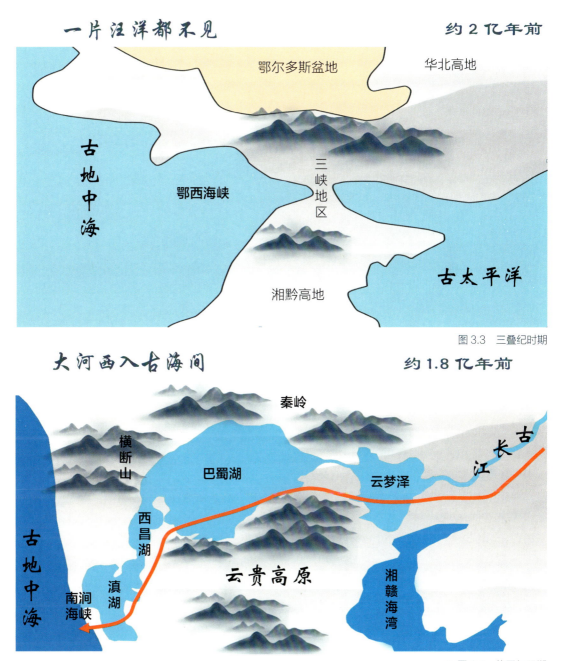

一片汪洋都不见　　　　　　　约 2 亿年前

鄂尔多斯盆地　　华北高地

古地中海

鄂西海峡

三峡地区

古太平洋

湘黔高地

图 3.3　三叠纪时期

大河西入古海间　　　　　　　约 1.8 亿年前

秦岭

横断山

巴蜀湖

云梦泽

古长江

西昌湖

古地中海

南涧海峡

滇湖

云贵高原

湘赣海湾

▲ 图 3.4　侏罗纪早期

　　在侏罗纪晚期到白垩纪早期，发生了大规模的燕山运动，这次运动导致古地中海不断萎缩成一狭长带，横断山脉开始出现。由于中国东部地势升高，古长江退缩到今天三峡地区以西，依然注入地中海，但滇湖和西昌湖面积不断缩小，巴蜀湖中间产生了华蓥隆起，使这一大湖分割成狭长的两半，西北边的称为蜀湖，西南边的称为巴湖（图 3.5）。

▲ 图 3.5 白垩纪时期

到了白垩纪晚期（图 3.6），巴湖完全消失，蜀湖、滇湖和西昌湖也各自孤立闭塞，不再被一条河流串连起来，古长江的生命似乎暂时中止了。但当藏东山系升起海水西退时，在它

▲ 图 3.6 白垩纪晚期

与横断山系之间，留下一条山间河流，即古金沙江，注入滇湖，由此长江又为自己孕育了新的生命。

　　时间到了新生代之后，距今大约 4 000 万年前（图 3.7），发生了全球规模的喜山运动。这次运动导致青藏高原急剧隆起，长江流域也普遍抬升，但其程度有所差异，具体表现为西部剧烈，东部缓和。巫山开始出现，在我国东部出现了一支水流，向东注入古太平洋，称为东长江，而原来注入滇湖的古金沙江称为西长江，因为中间横贯着巫山，东西长江各行其道。东西长江的发展情况表明似乎有着贯通之意，开始不懈探索，这就是"东西各不安天命"。上天终于为此精神所打动，随着青藏高原的不断隆起，滇湖消失（图 3.8），西长江开始自西向东奔向巫山，而东长江与巫山以东水系连接，从湖北伸向四川盆地的这一段发生了向西的溯源侵蚀作用，即向着自己的源头侵蚀，开始切割巫山，朝着会师的宏伟目标前进。最终切穿了巫山，完成了东西长江的胜利大会师，壮美的长江三峡诞生了。科学上，长江三峡贯穿的时间或者换句话说长江的年龄作为地球科学界和大众关注的热点，长期存在重大争议，从 4 500 万年前的始新世到数万年前的更新世晚期不等，成了科学界的"世纪谜题"。然而可以肯定的是，长江流域的演化过程见证了中国地形宏观格局发生巨大变化的过程，长江东西贯通时限也是最终确立中国今日西高东低地貌格局的时限，因此长江三峡的贯通也标志着中国地势三级台阶的格局完全形成。

▲ 图 3.7　约 4 000 万年前

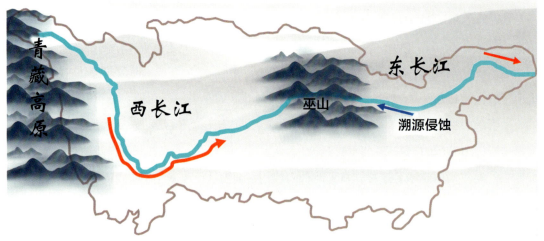

▲ 图3.8 滇湖消失，西长江向东

自此之后，滚滚长江奔流到海不复回！这就是"万古长江破巫山"；这就是前面所说的重庆见证了长江最后的关键形成；这就是横跨2亿年的长江史诗（图3.9）。

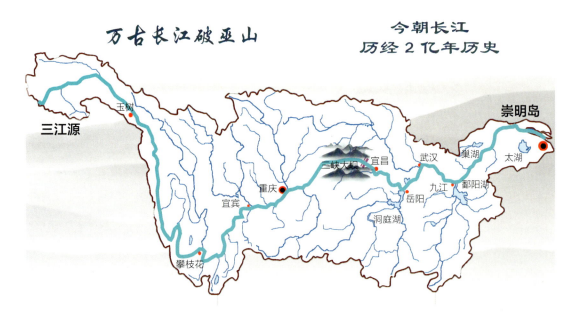

▲ 图3.9 今朝长江

一片汪洋都不见，

大河西入古海间。

东西各不安天命，

万古长江破巫山。

在长江形成的同时，长江的各个支流，嘉陵江、乌江、大宁河、綦江等也同时形成，共同造就了重庆境内的水系格局，为重庆带来了境内之水，由此山水之城的地理格局逐渐形成。

长江的故事说到这里，其实并未结束，我们的今天不是长江演化的终点，地球运动永无休止，长江三峡依旧在发生着河流下切运动。科学上已经对近 200 万年以来的下切速度进行了计算，虽然在下切速度上有不同版本，如同在贯通时间上有分歧一样，但同样可以肯定的是，长江正在以每年零点几毫米的速率下切，也就是说，长江正在试图让三峡变得更深更高，风光更加壮丽。另外值得一提的是，大多数人可能不知道，长江三峡的三个峡谷年龄是不一样大的。地质学上认为这三个峡谷各有特点，它们的形成时代与峡谷的发展阶段是不一样的，其中瞿塘峡处于青年期，巫峡处于壮年期，西陵峡处于回春发展时期。可见重庆的三峡似乎更加有活力一些，难怪瞿塘峡被认为是最美丽的峡谷，而且还在被长江不厌其烦地精心装扮。

地球上的海陆格局一直在进行着沧海桑田般的变幻，正如我国古人所说，天下大势，分久必合，合久必分，地球历史上发生过几次大陆聚合在一起而又分开的情况。今天，大西洋正在扩大，太平洋正在缩小，青藏高原还在隆升，而在此背景之下，未来长江演化之路该走向何方，还有很多的科学谜题值得我们去思考，等待我们去探索。

3.2　江河家族

重庆江河纵横，在 8.24 万平方千米的土地上勾勒出一幅幅或壮美或秀丽的画作。除了"山城"，重庆的另一别称"江城"可能鲜为人知。同有"江城"之称的武汉相比，重庆的江不仅有着同样的大气开阔，更有其开山辟峡的磅礴之势。

把重庆江河比作一个大家族，长江无疑就是族长。除了长江之外，还有两大家长，嘉陵江和乌江，分别位于长江的北岸和南岸。

在三江之外，重庆尚有更多的江河。其量亦多，其势亦大，沟通着航道，哺育着城镇，以滚滚诸水成其"江城"之名。在重庆众多的江河中仅流域面积超过1 000平方千米的就达到42条。

千万年来，重庆的这些江河萦绕于方山丘陵，切割于平行岭谷，奔腾于崇山峻岭，或源于斯或经于斯或汇于斯，终成了重庆"一干二骨七支"的江河格局。

"一干"即过境重庆691千米的长江干流。"二骨"即长江重庆段两大骨干支流嘉陵江、乌江。"七支"即另外七条较大的重要长江支流，包括北岸的渠江、涪江、龙溪河、小江、大宁河以及南岸的綦江、酉水。

这些河流都形成了自己的小家族，即流域。流域是指河流的集水区域，以分水岭为界，彼此之间相对独立。基于重庆的地形，依照现代通用的流域划分理论，可将重庆全境划分为十大流域：长江干流流域、嘉陵江干流流域、渠江流域、涪江流域、沱江流域、赤水河流域、乌江流域、沅江流域、清江流域、汉江流域。

这些流域中，长江自西向东横贯重庆，干流流域面积巨大，占据了绝对优势。而赤水河流域、清江流域，若不细看极易被人忽视。东北角的汉江流域则一反"大河向东流"的自然法则，几乎所有的河流都向西流去，穿过城口县城的任河便是其中的典型代表，号称"中国内陆倒淌河"。

每个流域都作为一个相对独立的地理单元，影响着城镇的选址和发展。在酉阳境内，西南—东北走向的毛坝盖就把渝东南分成了沅江和乌江两个流域，基于沟通流域间的客观需求。分水岭两侧很早就形成了两大区域性枢纽场镇，即"钱龚滩、货龙潭"。

1）嘉陵江

秦岭北出嘉陵谷，千里阆水碧胜蓝。

论域长江第一流，开山绘峡百万年。

沧桑远古生灵易，兴衰史记藏录全。

清河绵绵连巴蜀，山水之城名赐源。

在重庆，嘉陵江（图3.10）是唯一能和长江相提并论的江河，说是重庆的母亲河也不为过。因为正是嘉陵江和长江共同奠定了重庆主城的山水格局，见证了城市发展历程，

▲ 图 3.10　嘉陵江

塑造了城市人文精神。嘉陵江古称"渝水"，这是重庆简称"渝"的由来，足见嘉陵江与重庆的不解之缘。

嘉陵江发源于秦岭北麓的陕西凤县代王山，因流经陕西凤县东北嘉陵谷而得名，是长江上游的重要支流，其干流流经陕西、甘肃、四川、重庆，在重庆朝天门汇入长江。嘉陵江全长1 345千米，流域面积16万平方千米，是长江支流中流域面积最大的支流，长度仅次于雅砻江和汉江，流量仅次于岷江。

在重庆境内主要为嘉陵江下游，主要支流有渠江、涪江、黑水滩河、后河、璧北河、龙凤溪、马鞍溪、明家溪和西河等。流经合川区，汇入两条大江，即渠江、涪江，其中的渠江在古时也称"渝水"。北碚区纳黑水滩河、后河，经渝北区、江北区，在渝中区的朝天门汇入长江。汇入之处，嘉陵江与长江青黄分明，景色别致。

嘉陵江流经平行岭谷区，切割华蓥山南延支脉九峰山、缙云山、中梁山后，形成著名的嘉陵江小三峡，即沥鼻峡、温塘峡、观音峡。小三峡谷山高崖陡，峭拔幽深，形势险要，宛如长江三峡之缩影，风光绮丽。

2）乌江

乌江源黔第一江，碧水入渝出画廊。

霸王自刎无觅处，凌烟首臣眠久长。

说起乌江（图3.11），可能很多人都会联系起西楚霸王项羽乌江自刎，此乌江指的是乌江镇。在江西也有一条乌江，主河长167千米，流域面积3 911平方千米，是赣江中游右岸的大支流。说起最能代表"乌江"的江河，无疑首推跨越黔渝两地的乌江。因为这条乌江规模宏大，亦有著名的历史典故。

乌江是重庆境内长江的第二大支流，其重庆段的长度甚至超过了嘉陵江，而且沿途形成的风景比起嘉陵江有过之无不及。

乌江，古称黔江，发源于贵州省境内威宁县香炉山花鱼洞，为贵州省第一大河，长江上游右岸中重要支流。乌江流经黔北，在重庆西阳进入重庆境内，流经彭水、武隆，在涪陵注入长江，是重庆长江南岸的一大支流。乌江全长1 018千米，其中重庆段长244千米。流域总面积为115 747平方千米，其中重庆部分48 940平方千米。重庆乌江段基本为乌江下游（贵州沿河到涪陵）。乌江支流众多，呈羽状水系分布，最大支流为阿蓬江，在酉阳龚滩注入乌江。此外，重庆境内支流还有阿依河、郁江和芙蓉江等。

很多人会好奇，乌江水碧绿清澈，为何得名"乌"。这是因为元代时，蒙古人先用蒙古语记下各地的名字，再音译为汉字，由此导致了许多历史误会。乌江在唐代就被称为"务川"。

"务"在元代发音构拟为"vu"，但蒙古语没有辅音"v"，所以用相近的"qu"来代替，而在后来转写时记为"乌"，这便是乌江名称的来历。

乌江进入重庆后形成了著名的乌江百里画廊，包括乌江干流酉阳县龚滩古镇至彭水河段，以及自东向西倒流的乌江支流阿蓬江酉阳段，占地面积240平方千米。风景如画，集"剑门之雄，三峡之壮，峨眉之秀"于一体，历史悠久，文化积淀深厚。以唐代废太子李承乾为代表的太宗、高宗两朝众多皇子、王公与著名凌烟阁首臣长孙无忌均葬于乌江边，见证了华夏鼎盛时期的政治格局变化。宋代著名诗人黄庭坚面对乌江山水留下的诗词书法给乌江清水平添了历史底蕴。

▲ 图 3.11　乌江

3）大宁河

说起大宁河（图3.12），因其制造的大宁河小三峡而扬名天下。大宁河又名巫溪水、昌江，发源于重庆市巫溪县西北天元乡新田村，穿行于巴山和巫山的云岩峡谷之中，横贯重庆所属巫溪、巫山两县，在巫山县东侧巫峡口注入万里长江，全长250千米，流域面积3720平方千米。

▲ 图3.12 大宁河

大宁河流经巫山县大昌，截断山脉，形成小三峡，即滴翠峡、巴雾峡及龙门峡。峡谷长约50 千米，有"不是三峡，胜似三峡"之美誉。大宁河跟上述江河相比长度虽短，流域面积虽小，但意义重大，因为岸边有我国西南盐业鼻祖千年古镇大宁厂，这也是重庆山水的独特贡献。大宁河主要支流有东溪河、杨溪河和平定河。

4）小江

小江（图 3.13）名中有小，其实不小。小江是长江中自乌江汇口以下流域面积最大的一级支流，位于大巴山西南麓，古称容水、巴渠水、彭溪水、清水河、叠江。大部在重庆市开州区、云阳县境内，流域面积 5 200 余平方千米，河长 180 余千米，天然落差近 1 600 米，平均坡降约 8.72‰。

小江发源于开州区白泉乡白马泉，沿途纳入一些小支流，至开州城郊右岸纳南河，汇口以上干流称东河，汇口以下始称小江，又称彭溪河，河道弯弯曲曲进入云阳县。因为落差较大，在柏杨建设有小江水电站，之后河道向东南、东北急剧曲折，空中看如字母"M"形状，最终弯曲蜿蜒至云阳县双江镇北岸汇入长江。

5）綦江

綦江（图 3.14）一词如今说起来，更多被用于指代綦江区。其实綦江区也是因为綦江而得名。綦江古称夜郎溪，江水色如苍帛，因"綦"字有苍青色的含义，故名綦江。綦江发源于乌蒙山西北麓贵州省桐梓县北大娄山系，于江津区仁沱镇顺江村汇入长江。长 220 千米，流域面积 7 020 平方千米。按河谷地貌及河道特征分为上游、中游、下游三段。河源至綦江赶水段为上游，又称松坎河；赶水至綦江城区为中游，从赶水开始这条河才开始称綦江；綦江城区以下为下游。綦江水系呈树枝状分布，其支流有清溪河、郭扶河、东溪、扶欢河和通惠河等。

6）酉水

酉水（图 3.15）古称酉溪，是武陵五溪之一。酉水为洞庭湖水系沅水下游左岸一级支流，发源于湖北省宣恩县境内椿木营的火烧堡，于百福寺进入重庆市，经过酉阳与秀山两县，在石堤入湖南，至沅陵注入沅水，最后流入洞庭湖。全长 477 千米，流域面积 18 530 平方千米。在重庆主要流经酉阳县，经大溪、酉酬、后溪三镇，全长 81 千米，平均宽度约 12.5 米。沿岸都是土家人的聚居地，是土家族的摇篮。山清水秀，群峰挺拔，随处可见鬼斧神工，浑然天成之景致，令人心驰荡漾，流连忘返。

▲ 图3.13 小江

▲ 图 3.14　綦江

▲ 图 3.15 酉水

7）任河

任河（图 3.16）是汉江最大的支流，起源于重庆市城口东安镇朝阳村、巫溪两县同陕西省镇坪县交界处的大燕山（古名万倾山）老鸦铺七星洞，向北西流经重庆市城口县、四川省万源市、陕西省紫阳县，在巴山北麓紫阳县汇入汉江。全长 211.4 千米，俗称 700 里。流域平均宽度 20 ～ 25 千米，总面积 4 871 平方千米。在城口县境内长 128 千米，流域面积 2 360.74 平方千米。年均流量为 63.4 立方米 / 秒。河床平均宽 150 米，河床比降为 9.7‰。该河在城口县，清代建城口厅以前称九江（据称，因为由 9 条支流汇成，故名），设厅后改称城口河，新中国成立初更名仁河，最终得名任河。

任河中的任字似乎给人一种任性之河的感觉。的确，任河在重庆是有点任性的河流，因为我国河流受"西高东低"地势影响，大小河流自西至东、由北向南流淌为常规。然而，在大巴山腹地流淌了数万年的任河，却反其道而流之，先由东向西，后击穿大巴山山脊折而向北流淌，从川入陕，在巴山北麓汇入汉江，改写了"一江春水向东流"的自然法则，俗称"任河倒流八百里"，成为大巴山一道奇特的自然景观。任河为何如此任性？这要从山势说起，如今有一种新的观点，即把高山视为水塔，因为世界上众多河流都是发源于高山。任河发源于大巴山中城口东安。众所周知，水往低处流，自源头往下，山势沿着西北方向一路降低，引发任河水向西北流淌出重庆，进入四川，最终在陕西紫阳汇入汉江。任河是全国倒流距离最长的内陆河流。其支流有坪坝河、岚溪河和石溪河等。

任河在大巴山中造就了奇山异水，有美文云："任河两岸，山势嵯峨，险中藏奇，奇中蕴妙，一脉逶迤，大气磅礴……急若脱兔，越险滩，飞洞隙，雪浪激越，拍打山林，訇然作响，势若川东汉子，刚烈无羁。缓若舒袖，云卷云舒，清澈见底，捧掬饮之，甘甜可口，温润如玉。"

▲ 图 3.16　任河

8）濑溪河

濑溪之水出巴岩，

流似金腰育双城。

商贾千年似云聚，

不枉夏布美名传。

　　濑溪河（图 3.17）特殊之处在于其源于重庆，却在省外融入长江水系。濑溪河发源于重庆市大足区中敖镇，流经重庆大足和荣昌，最终在四川省泸州市龙马潭区胡市镇注入沱江，为沱江左岸一级支流。濑溪河干流全长 238 千米，全流域面积 3 257 平方千米，天然落差 223 米，平均坡降约 1.1‰。其中大足境内长 71.4 千米，流域面积 929.9 平方千米；荣昌境内长 51.5 千米，流域面积 708 平方千米。濑溪河成为大足和荣昌两区的母亲河，也是荣昌区饮用水源地。濑溪河流经之地，两岸呈现出一派祥和宁静的田园风光，富有人文气息。

▲ 图 3.17　濑溪河

9）龙溪河

可能很多人还不熟悉龙溪河，但说起长寿湖则闻名遐迩，长寿湖就是 20 世纪 50 年代截流龙溪河而产生的大型水库。龙溪河发源于梁平区东明月山东麓和梁平区铁凤山西北，两源汇合后流经垫江县，在高洞与忠县的沙河合流始名龙溪河，再向西流 12 千米，进入长寿区，经过双龙、云集、狮子滩等 8 个镇街，在长寿主城下游 3 千米处注入长江，全长 221 千米。龙溪河是全国第一条梯级开发的河流。

3.3　重庆之湖

3.3.1　黔江小南海——我国保存最完整的地震堰塞湖

清咸丰六年五月壬子，地大震，后坝乡山崩，溪口遂被埋塞。厥后，盛夏雨水，溪涨不通，潴为大泽，延裹 20 余里，泽名小瀛海，土人讹为小南海。

——清《黔江县志》

黔江小南海（图 3.18）原名小瀛海，位于黔江县城以北 12 千米渝鄂交界处，湖面海拔 670.5 米，平均深度 30 米，最深处 50 米，面积 2.87 平方千米，库容 8 080 万立方米。小南海山水相依、秀峰环列，水面汊港纵横、波光粼粼，岛上茂林修竹、郁郁葱葱，海口奇石林立、溪水萦回，是融山、湖、岛、峡诸风光于一体的高山地震堰塞湖，也是国内迄今为止保存最完整的古地震遗址和重庆十佳避暑休闲目的地之一，目前已被评选为国家 AAAA 级旅游景区。

小南海是中国国内历史最长、保存最好的地震堰塞湖，在世界上也极为鲜见。据中科院专家考察，1856 年 6 月 10 日，黔江区后坝乡发生 6.3 级地震，地震的破坏烈度为 8 度。地震时山体滑塌 10 余千米，4 500 万方崩滑体向西推移 2 千米，以近 100 米的落差阻塞山谷，形成长 1 170 米、高 67.5 米的天然大坝。崩塌崖面、崩滑体、堆石坝、堰塞湖及淹没森林等多种地震破坏形迹至今保存完整，2001 年，被国家地震局批准为"黔江小南海国家地震遗址保护区"和"全国防震减灾科普宣传教育基地"。

▲ 图 3.18　小南海

3.3.2 长寿湖——西南地区最大的人工湖

狮子滩头截龙溪，岛秀湖幽青峰奇。

天风海涛山接水，古来长寿天赐予。

长寿湖（图3.19）原名狮子潭水库，位于长寿城区东北14千米处，正常蓄水位332米，平均深度15米，最深处50米，面积65.5平方千米，库容10亿立方米。20世纪50年代以前，龙溪河流经狮子滩后悬崖跌瀑、陡险滩多，1954—1957年人工截断龙溪河，建成"一五"期间重点水利工程狮子滩水电站，便形成了西南地区最大的人工湖——长寿湖。长寿湖高坝壁立，四面青山环绕，水面辽阔、碧波万顷，湖中岛屿星罗棋布（图3.20），岛上林木青翠、瓜果飘香。

"岸依水奇，水借岸而阔远；岛因湖秀，湖随岛而幽长。"长寿湖山明水净，倒影若画，雾起时烟波浩渺，天晴则水天一色。203个大小不一、形态各异的岛屿更是错落有致地点缀湖中，形成湖中有湖、湾后有湾的独特景观。

长寿区原名乐温县，因当地风光旖旎、气候宜人，多有"花甲两轮半，眼观七代孙"的百岁老人而美名远扬，明朝开国皇帝朱元璋因此将其改名为长寿县。2005年，重庆卫视航拍长寿湖时更是惊奇地发现了传说中隐藏在湖中由天然岛屿组成的巨大魏碑体"寿"字，长约1 280米，宽约704米，乃天赐"长寿"。

图3.19 长寿湖

▲ 图 3.20　长寿湖湖中岛屿星罗棋布

3.3.3　长寿大洪湖——千岛之湖

一把珍珠着水处，千岛风光胜画图。

大洪湖（图 3.21）原名大洪河，位于长寿区西面和四川邻水县东南面，距长寿城区约 30 千米，因 1958 年修建大洪河水电站在清云峡筑坝截流御临河而成。湖区长约 20 千米，平均宽约 1.5 千米，最深达 25 米，水面呈枝叶状，正常蓄水位 294 米，面积约 40 平方千米，总库容 3.43 亿立方米，为大二型水库。湖区地势平坦，水面宽广，湖中岛屿密布，湖湾港汊迷离，故有"千岛洪湖"之称。

大洪湖四季风光旖旎，景色迷人，春来，渔帆点点，青草依依；夏至，荷叶田田，林荫茂盛；秋日，莲满菱熟，鱼虾丰富；临冬，烟波浩渺，水面开阔，更有成群结队的野鸭、飞雁在此觅食过冬。须晴时，湖平如镜；风起后，水波潋滟；晨曦初露，湖面幽幽、飘渺迷蒙；夕阳西下，落霞孤鹜、波光粼粼。泛舟湖上，岛复湾丛，柳暗花明，青山倒映，水底幻云，如同船游天上，画里行人；沿湖踏岸，湖光山色，渔舟唱晚，更有数十里泽乡荷花红遍，醉人处薄雾袅袅柳絮堆烟。

▲ 图 3.21　大洪湖

3.3.4　大足龙水湖——重庆人的西湖

玉龙山青山含黛，龙水湖绿水盈盈。远眺，山色空蒙，碧水似玉；近观，水汽氤氲，薄雾轻笼，湖光山色相映间，恰如一幅浓淡皆宜的水墨画。

——《梦寻山水间·心泊龙水湖》

大足龙水湖（图 3.22）因位于巴岳山以西而有"重庆西湖"之美称，地处龙水与双桥之间，距离大足城区 20 千米，是 1958 年建成的中型水库，面积 3.73 平方千米，总库容 1 640 万立方米，系濑溪河、小安溪河的发源地之一。湖畔玉龙山上 10 万亩森林翠绿，湖水绵延 10 余千米，湖中 108 个自然岛各具特色，20 多种珍禽嬉戏其间，与"大足千年石刻"山水人文交相辉映，2004 年 7 月，龙水湖被水利部评为国家水利风景区。

龙水湖畔玉龙山雄峙，倒影半湖，山上郁郁葱葱，多有奇木珍禽；湖水清澈静谧，绿水盈盈；岛上林荫茂密，层林叠翠，还有白鹤、野鸭、鸳鸯等 20 多种珍禽栖息。烟雨中，水雾氤氲，山水朦胧，苍茫如诗，泼墨如画；天晴时，青山含黛，碧波流转，水天一色，山水掩映，幽静秀美。含黛的青山、盈盈的绿水、如裙纱的薄雾、唱晚的轻舟、惊起的飞鸿、田田的荷叶、满山的桃梨芬芳浑然一体，相映成趣。近年来更是依托世界文化遗产大足石刻深厚的文化内涵，以"千年石刻，一方龙水"为形象定位，计划总投资 380 亿着力打造以龙水湖为核心，集温泉疗养、生态度假、休闲运动、宗教体验、文化传扬、生态人居六大体系于一体的"中国休闲养生福地"。

▲ 图3.22 龙水湖

3.3.5 石柱太阳湖——西南地区海拔最高、水质最好、植被最丰富的人工湖

茫茫叠嶂间，浩浩静波涵。霜染千峰彩，天涂一水蓝。

——《泛舟石柱太阳湖》

石柱太阳湖（图3.23）原名万胜坝水库，位于黄水国家森林公园东南部，距黄水土家风情小镇约3千米，2006年9月截水成湖，正常蓄水位1 465米，调节库容2 815万立方米，湖面面积2.26平方千米，湖水潋滟、山景旖旎、美不胜收，是西南地区海拔最高、水质最好、植被最丰富的人工湖。

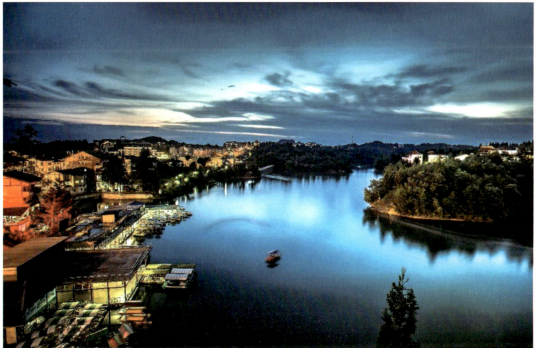

▲ 图 3.23　太阳湖

太阳湖与黄水森林公园交相辉映，岸上春夏繁花似锦绿树成荫，秋冬更是层林尽染万山红遍，湖润层林为群山增秀，山林映湖云入水中而湖阔岸远。又因海拔较高，盛夏凉爽，是火炉重庆避暑纳凉的绝佳胜地。湖水极其清澈，碧波万顷如同一面明镜，更像镶嵌在山间的一颗蓝宝石，天晴时，水天一色湖蓝如天，烟雾朦胧时更是不分彼此。该湖既是国家重要水源地，又临近黄水森林公园，本身纯净无瑕，又受到高度保护，是一方难得的处女地。又因为湖水清澈、植被茂密、空气干净，是非常难得的康养之地。

3.3.6 璧山青龙湖——川东小九寨沟

松柏苍翠竹葱茏，群山倒映碧波中。

静谧如镜玲珑秀，港汊曲折又通幽。

青龙湖（图 3.24）原名大沟水库，位于璧山区 336° 方向 13.7 千米处，是 1966 年修建的综合水利枢纽工程，正常蓄水位 542 米，面积 0.15 平方千米。湖水清澈，飞湍泻瀑，港汊通幽；湖岸植被繁茂，青翠可人，有"川东小九寨沟"之美称。2000 年青龙湖被重庆市政府评为市级风景名胜区，2002 年被评为国家级森林公园，2010 年被评为国家水利风景区。

青龙湖蜿蜒曲折，走势如龙，加上水映山色，墨绿莹莹，势如青龙；湖岸多座山峦衔接，其脊起伏，山色如黛，形如卧龙；山形水势，刚柔并济，阴阳相谐，故名青龙湖。湖畔森林茂密，遮天蔽日，修竹丛丛，郁郁葱葱，更有古树名木无数。春来绿茵如蓝，姹紫嫣红；夏至林荫苍翠，碧绿如海；秋冬彩叶相间，层林尽染。

毗邻的南宋古老寨林木葱郁，绿水清幽，山峦叠翠，花果飘香；曾经挫败蒙古大军的铁围寨参天松柏，滴翠修竹，泛绿葳草；云雾山上轻纱薄雾，朦胧似幻；九女峰上云蒸霞蔚，翻江倒海，千姿百态，变幻奇妙；天马山上绿浓翠深，峰峦如黛。青龙湖与群山相依，山映湖中湖更绿，水绕山前山愈秀，又因古寨名寺而历史悠久、文化绵长。青龙湖是重庆市近郊森林植被和水质保护最好的森林公园和风景名胜区，以"翠、绿、幽、秀"而著称，是人们休闲、观赏、娱乐、游玩的理想去处。

▲ 图 3.24　青龙湖

3.3.7　开州汉丰湖——一城山色半城湖

　　一江碧水东来，汉丰平湖鉴开，远山青黛，更有一片密林出水，甚是缤纷多彩。

　　汉丰湖（图3.25）位于开州城区，是三峡蓄水，长江回涌开州区澎溪河截坝而成的人工湖，东西长12.51千米，南北宽5.86千米，西段较狭窄，东段较开阔，其中最窄处为92米，最宽处为1 589米，面积约14.88平方千米，蓄水量8 000万立方米，湖湾30多个，其中有岛屿41个。湖周有南山森林公园、大觉寺、刘伯承同志纪念馆等诸多自然和人文景观。

　　开州新城因汉丰湖呈现出一城山色半城湖的特色，湖光山色与新城交相辉映，又在开州厚重的人文底蕴映衬下显得愈加柔媚多姿。汉丰湖调节大坝通过水利工程与景观工程相结合的方式，采用"明清风雨廊桥"古建筑装饰风格，以书、画、诗、词、赋、联等文化表现形式，彰显开州厚重的人文，并荣膺"国家水利风景区"称号。抬眼望去，青山远黛，湖水湛蓝，山水与云天相接。早晚时分，霞光漫天，在彩云的映衬下，半湖红透，美不胜收。湖畔林荫茂密，现代化的高楼与八角塔点缀其间相映成趣。堤上垂柳伸入水面拨动点点涟漪，水面上的彩叶林犹如一幅精美的油画。冬季来临，越来越多的各种候鸟迁徙至此，平湖微澜，百鸟齐飞。

▲ 图 3.25　汉丰湖

3.3.8　大昌湖——百花之湖

高峡平湖幽深，峰峦叠嶂烟云。

古镇新装正宜，草长莺飞花盛。

大昌湖（图 3.26）位于重庆市巫山县大昌镇，处在三峡水利枢纽工程库区腹心地带，南北长 6.14 千米，东西宽 7.84 千米，总面积 1 464.73 公顷，其中湿地面积 1 020.59 公顷。大昌湖是三峡蓄水后，库区形成的面积较大的湖泊，风景独特，与大昌古镇相邻，公园美景和古镇文化交融，在这里可感受到高峡平湖、古镇幽静和百花齐放。

大昌湖已建成集湿地保护与修复、湿地科普宣教、科研监测、湿地观光体验和巫山文化休闲游览于一体的国家湿地公园。围绕大昌湖国家湿地公园还建设有一座花卉园，占地面积 160 余亩，是集文化旅游、观光休闲、科普教育于一体的综合性花卉园。花卉园内分别设有郁金香、牡丹、月季、紫薇、兰花、梅花、玫瑰、薰衣草八大主题园区，其中有郁金香 33 个品种共 73 万株，牡丹 100 个品种共 1.6 万株，月季 56 个品种共 1.2 万株。每年 3—4 月，花开名动小三峡，吸引大量游客前来赏玩。此外，大昌湖动物种类丰富，拥有鸟类 143 种，兽类 37 种，爬行动物 15 种，两栖动物 15 种，鱼类 124 种，其中有国家 I 级重点保护动物金雕，国家 II 级保护动物鸳鸯、雀鹰、大鲵、胭脂鱼、猕猴等 23 种市级保护动物。

3.3.9　南川黎香湖——瑞士风情浪漫之湖

天光云影荡轻舟，薰衣草漾清风柔。

古朴优雅瑞士风，浪漫黎香情万种。

黎香湖（图 3.27）又名土溪水库，位于南川区黎香湖镇境内，1958 年开始修建，经 1973 年加坝，于 1976 年建成，属国家中型水库，设计蓄水 1 780 万立方米，常年蓄水 1 260 万立方米，水面面积 3 348 亩。湖岸曲折（全长 65 千米），半岛 38 个，湖心岛 1 个（木鱼岛），附近有南川金佛山、武隆仙女山、万盛石林、巴南东温泉等国家级风景名胜区，以及瑞士风情小镇、黎香湖湿地公园等景点，是重庆"一小时经济圈"内海拔最高、温度最低、植被最好、水质最清、体量最大的高山人工湖泊。

黎香湖水质清澈，蓝天倒映在湖中晶莹剔透，云霞入湖更是美如油画。湖光山色自然是美不胜收，湖畔的瑞士风情小镇静谧优雅，更是风情万种。湿地公园里的薰衣草花开更堪称重庆的普罗旺斯，可以邂逅最美最浪漫的紫色花海。黎香湖海拔高度 800 米，较之重庆主城相对凉爽，风景气候宜人，附近的基础设施也较为齐备，是生态旅游、休闲度假、健体养身的理想之地。

▲ 图 3.26　大昌湖

▲ 图 3.27　黎香湖

3.3.10　丰都澜天湖——高山之巅的古湖泊

西望峨眉，遥寄巴山夜雨。东随神女，欲穷三峡迷愁。背依武陵梵岳，面眺长江流川。承纳九霄之瞰，翔居百岭之巅。

——陈志平《澜天湖景区赋》

澜天湖（图 3.28）毗邻世界自然遗产仙女山，面积约 5 平方千米，海拔 1 753.8 米，集原始林竹、岩溶绝壁、高原古湖、草坪绿洲、百里森林于一体，环境优美，植被丰富。立足高山湖泊和森林，形成春赏花、夏避暑、秋观叶、冬滑雪的旅游主题。

澜天湖是一个古老而神秘的湖泊。据考证，澜天湖是在距今约 2 500 万年前的喜山运动过程中形成的，可蓄水 1 亿立方米。湖底可溶性岩石在长期的地质作用下，形成几个大小不一的落水洞，使湖水逐渐隐退。湖水消失数百年之后，近年来通过人工修复，虽然规模不及当年，但是终于让古湖惊艳再现。因其得天独厚的地理优势，春夏，山花烂漫，草木萌动；深秋，野果盈枝，彩叶漫山；冬日，银装素裹，梦幻雪缘。南天湖湖畔公园、天堂谷森林公园、阿尔卑斯滑雪公园、鸬鹚池天坑湿地公园等景点错落有致。清新的空气，起伏的山峦，天然的湿地，浩渺的湖水，让人心驰神往、流连忘返。区域内基础设施一应俱全，是森林观光、高山揽湖、山地运动、消夏避暑、滑雪养生的生态休闲度假胜地。

▲ 图 3.28　澜天湖

3.3.11　城口巴山湖——夜雨之湖

白云揉碎镶梦里，醉卧春天一扁舟。

巴山湖（图 3.29）又名巴山水库，位于城口县西北部的巴山镇，紧邻川陕渝三省市交界处，水域全长 32 千米，水域面积 677 公顷，湖面海拔 550 米，周围群峰最高海拔 2 480 米，夏季清爽、冬季温凉，易出现白天无雨、深夜小雨的"巴山夜雨"景观，2017 年被正式创建为巴山湖国家湿地公园。

巴山湖四时四季皆是景，清晨时分翠霭雾蒙，白日里轻舟掠影湖光山色，傍晚时刻彩霞入湖绚烂缤纷，夜半又可卧听巴山雨。暮春之初，芳草茵茵，山花浪漫；盛夏时节，碧波粼粼，林荫葱翠；金秋来临，叠翠流金，层林尽染；隆冬时节，银装素裹，梦幻雪缘。质朴静谧的巴山湖，巍峨连绵的大巴山，零星点缀的湖心岛，别具一格的平拉索桥，又紧邻着红军三十三军指挥部旧址、方斗坪、夜雨湖等景区，加上当地原汁原味的山歌、龙舟、花鼓、狮子舞、钱棍舞、彩船舞、锣鼓等乡土文化与风貌，山、水、人、情的完美结合令人陶醉其中，如梦似幻，流连忘返。

▲ 图 3.29 巴山湖

3.3.12　合川双龙湖

钓鱼城池今犹在，涞滩二佛证古今。

文峰塔前水波漫，双龙抱宝湖清清。

双龙湖（图 3.30）原名双河水库，因双龙湖大坝建在两条溪河的汇合处，自然形成圆形独立小岛，恰似"双龙抱宝"，故由此得名。该湖是一座以灌溉为主，集供水、旅游、养殖、防洪、

▲ 图 3.30　双龙湖

发电于一体的中型水库，水域面积 460 公顷，总库容 4 880 万立方米，库岸线 81 千米，岸线曲折，枝杈众多，湖上分布若干独立岛和半岛，形成了宽阔而兼幽深的树枝状水面形态。包括 4 个全岛，67 个半岛，100 多个湖泊港湾。双龙湖目前是重庆市体育局命名的重庆市龙舟基地和国家水利风景区。

湖区水面同四周浅丘的高差在 40 米以内，构成了湖山相绕、层次分明、视线丰富的水面景观。双龙湖湖面宽处山水一色，野鸭成群，白鹤展翅，禽鸟纵飞；窄处幽深碧透，引人入胜。湖区内的明代古寨遗址及汉代崖墓等人文景观与优美的山水风光交相辉映，构成了"双龙飞瀑""深港探幽""落日鱼跃""龙湖夜月""绿岛烟波""秋林金桔""孤塞斜晖""柳浪莺啼"等众多景观。区内自然风光旖旎，丘陵低山峰峦起伏，田园风光恬静幽雅，山、水、林、洞、岩融为一体，形成了众多自然和人文景观。

3.3.13 北碚胜天湖——华蓥山的"人间瑶池"

万人开凿近十年，终成大坝人胜天。

湖岛朦胧林葱郁，平湖鸳鸯戏水欢。

胜天湖（图 3.31）位于华蓥山下，偏岩镇境内，距北碚 48 千米，海拔 390 米，为黑水滩河的发源地。20 世纪 70 年代，近万民工经过近 10 年的艰苦奋斗，以 21 人牺牲，70 余人伤残为代价修筑而成，是巴蜀大地少有的高山人工湖泊，也是中国人定胜天的历史见证，故由此得名。湖区面积 1.5 平方千米，湖面 0.5 平方千米，水深 39 米，总库容量 1 595 万立方米。胜天湖四面环山，山势峻逸，湖湾曲折，湖光秀丽，以境幽、水绿、瀑高、石怪为特色，素有华蓥山"人间瑶池"之美誉，1987 年被评为市级旅游景区。

胜天湖水质清幽、群山环抱，湖中狮子岛薄雾缭绕，林木葱郁；一线天怪石横堆，山岩壁立；三元洞钟乳密布，石笋林立；湖堤大坝巧夺天工，巍然屹立。晴日之夜，星朗月皎，湖岛朦胧，缥缈如蓬莱仙景。春夏湖平如镜，茂林修竹，郁郁葱葱。秋冬天光云影，落霞孤鹜，层林彩翠。邻近的偏岩古镇，傍水而建，古朴而宁静。不远处的金刀峡，峭壁深壑和清潭幽洞引人入胜。湖泊、古镇、峡谷，相依相存，互为补充，可以搭配游玩。

▲ 图 3.31　胜天湖

3.3.14 綦江丁山湖—— 渝黔边情第一湖

看云奇似画，听水韵如琴。

——马丁

丁山湖（图 3.32）位于綦江区丁山镇，毗邻贵州习水县，距綦江县城 48 千米，距重庆市区 100 千米，从重庆经渝湛高速到东溪，再经东丁公路可以到达，是集人文景观与自然景观于一体的高山湖泊型风景旅游区。湖面海拔 899 米，水域面积 4.60 平方千米，湖中碧波荡漾，湖岸青松参天、翠竹成林，环山倒影婆娑、相映成趣，是避暑纳凉、回归自然的绝佳选择，被称为"渝黔边情第一湖"。

丁山湖五沟七岔，有大小峰峦 75 座。湖水明澈碧绿，水天一色，风景如画。四周峰峦叠嶂，萦绕苍松翠柏，密布水竹、南竹。湖中花果岛如蓬莱仙山，四面临水，格外清幽。乌龟山酷似下山乌龟，龟背上樟树成荫，常年香气扑鼻。白鹤山岭上成群白鹤栖飞于葱翠山林间，蔚为壮观。还有众多自然人文景观，如七孔子汉墓、僰人遗迹、松龄鹤寿、长春翠竹、高岩飞瀑、石笋雄姿、观音溪趣、城隍古刹等景观。在这里观美景，眺远山，看碧水，枕松涛，听鸟语，品花香，令人心旷神怡，顿生闲情逸趣。此外，丁山湖畔每年 7 月 15—30 日的歇凉节，冬季的高山刨猪汤节又增添了生活趣味和地方文化特色。

3.3.15 秀山钟灵湖

钟灵湖（图 3.33）又名钟灵水库，位于重庆市秀山县钟灵镇，酉水支流梅江河上游，坝址位于梅江河与中溪河汇合处的峰岩山下，距秀山县城 25 千米，是秀山县城和梅江、石耶两镇主要的饮用水源地。1971 年 1 月开始动工修建，是一座集防洪、灌溉、供水、发电等综合利用于一体的中型水库。水域面积 2.1 平方千米，平均海拔 800 米，总库容 3 230 万立方米，是西南地区最大的土坝水库。湖畔有回音壁、石笋群、仙人洞、观音石、十八罗汉等奇异景观和树龄逾 2 000 年的"亚洲古银杏王"。

钟灵水库四周青山环抱，雾气缭绕，茶园簇拥，鹤影翩翩，风光旖旎。当地土家族、苗族等 10 多个热情好客、能歌善舞的民族，以自然村寨的形式散布于山间林中，依山而建、错落有致，其中又以土家族吊脚楼最有特色。多民族文化交融一体，有浓情酽酽的土家山歌，幽默滑稽的花灯歌舞，热情豪放的苗乡摆手舞等丰富的少数民族传统文化。湖畔繁花锦簇，漫天彩霞倒映湖中如梦如幻，郁郁葱葱的环山茂林与湖相拥，漫步于乡间小径，可以感受这里的湖光山色和最原生态最淳朴的多民族风情。

▲ 图 3.32　丁山湖

▲ 图3.33 钟灵湖

3.3.16 双桂湖——梁平人的西湖

> 绵亘蜿蜒山如黛，百里翠竹韵似海。
>
> 候鸟野鸭轻掠影，彩霞华灯入湖开。

双桂湖（图 3.34）又名张星桥水库，毗邻梁平区城区，水域面积 1 800 亩，距西南佛教祖庭双桂堂 5 千米，因堂得名，为 1955 年建成的小型水库，水位高程 458 米，总库容 709 万立方米。双桂湖水光潋滟，碧波荡漾，妩媚动人，山色、城景、湖光完美地融为一体，2018 年获得国家湿地公园称号。

双桂湖，倚巍巍梁山，映百里竹海，泽梁平坝子，清澈碧绿，宛若锦上碧玉。湖水旷渺，星岛嵌缀，百鸟翔集，荟萃天光云影；坝上风物，竹韵柚香，满城流韵，田园风光，满眼诗情

▲ 图 3.34　双桂湖

画意。双桂湖因得天独厚的地理优势和丰富优美的景观资源禀赋，再加上精心的景观设计和雕琢，湖光山色，百里竹海，彩霞流云，城景华灯，淙淙溪流，水塘明净，稻禾葱绿，湿地花草，野鸭白鹭等元素交错有序，景观层次分明，呈现出自然质朴和浓郁的田园风情。双桂湖就是梁平人心中的"西湖"，是一个理想的旅游观光、休闲度假、消夏避暑的胜地，是人们追求回归自然及乡野情趣，放松愉悦之绝佳场所。

3.3.17　高阳平湖——三峡库区与长江相连的最大湖泊

三峡倒漫平湖开，百里碧波接天来。

霞光流云映山色，飞鸟轻舟蘸水开。

高阳平湖（图 3.35）位于云阳西北部的高阳镇，距县城 24 千米，面积达 50 平方千米，是三峡库区最大的与长江相连的湖泊，涉及库岸线总长 70 千米。高阳平湖是因三峡水库蓄水倒灌彭溪河流域而形成的巨大平湖，湖泊水域有半岛 15 个，湖心岛 4 个，湖滨半岛交错，湖汊港湾纵横，形成了一幅城在山中、林在城中、山水交融的绿色园林画卷。

▲ 图 3.35　高阳平湖

高阳平湖烟波浩渺，几十里沿途湖阔岸高，乘舟其间，碧绿的湖水，如歌的炊烟，梦幻的云雾与烂漫的山花，青翠的群山，白墙青瓦的移民新村镇，风格各异的祖师观、观星寨、永安寨、云峰楼、五通桥等古建筑交相辉映构成一幅秀丽的山水风景画卷。其中洞溪坝，河道弯曲，水质清秀，岛屿林立，人文韵浓，风光旖旎；明月坝、明河坝、李家坝等古遗址尽显汉唐古风；乌龟顶山谷田园如诗，古朴自然；郭家坝满山柑橘，在金秋时节，红林尽染；黄泥溪水域开阔，远离主航道，已建成水上乐园；高阳移民文化区底蕴深厚，是三峡移民精神的发源地，堪称"平湖明珠"，素有"库区移民看云阳，云阳移民看高阳"的美誉。阳代砺子峡谷，两岸山势险峻，自然植物种类繁多，青山碧水、两岸如峭、雄伟壮观、野趣盎然，让人流连忘返。四十八槽森林公园，与高阳平湖旅游景区遥相呼应。

3.3.18　卫星湖

湖水绿如碧，堤上柳成荫。

桃李芬芳后，飞瀑山愈深。

卫星湖（图 3.36）位于重庆永川区双竹镇，距重庆主城区 63 千米，距永川城区 10 千米，全长 8 千米，水面 1 500 亩，湖湾交错，有自然形成的多个半岛和全岛。卫星湖因其独特的湖光山色和人文风光，被评为 AAAA 级旅游景区。它与国家森林公园茶山竹海、国家级 AAAA 级景区重庆野生动物世界、松溉古镇处于同一黄金旅游线上，是渝西主要旅游景区和重庆至川南、滇东北、黔西北交通要道上的重要景区。

卫星湖北岸有长堤和桃花岛，堤上垂柳成荫，岛上花团锦簇。长堤漫步，可饱览湖光山色，看鱼鹰击水，游船连轴。春天，桃李争妍，莺啼燕啭，可湖边垂钓，深处野炊，可登山踏青，岛上赏花；夏天，层峦叠翠，飞瀑千丈，游泳湖中，嬉戏波心，凉风习习，暑气全消；秋天，金色满山，硕果满园，乐在其中；冬天，红叶处处，松涛阵阵，可煮鱼听涛，可冬泳强身，其乐无穷。卫星湖旅游景区有水上世界、开明水上游乐场和度假村游船综合码头，有环境优美的省级园林式高等院校重庆文理学院、卫星湖国际旅游度假村、桃花山庄、比子沟，有具有宗教、民俗文化特色的石龟寺、康乐宫，闻名渝西的特色美食"星湖鱼"、山椒乌鱼、各类麻辣鱼和旅游新镇风貌。

▲ 图 3.36　卫星湖

3.3.19　迎风湖

十里烟波罩晚晴，一亭星月水风清。

层峦倒影明珠拱，野鹭舒闲碧秀横。

洲渚长堤疑幻梦，诗廊画韵误蓬瀛。

满湖春色任君钓，放醉瑶池魂不惊。

——孟国才《迎风湖赋》

迎风湖（图 3.37）位于重庆市垫江县普顺镇，其原名老鸹凼，传说此处有古柳聚集了很多老鸹（乌鸦），故得此名。建湖以后，更名迎风湖。湖的东面，是忠县和垫江的交界处，有一个巨大的凤凰石，其头朝忠县，尾向垫江，因而又称"迎风湖"。湖泊水域面积 876 亩，蓄水量 786 万方，湖面开阔，依山傍水，重峦叠嶂，岸线曲折，可谓是湖光山色，水复山重。2016 年 8 月，获批成为重庆迎风湖国家湿地公园。

迎风湖水质清澈，岛屿众多，里面水生动植物成百上千，几十种候鸟嬉戏停留，野鸭白鹭成群，果树成林。亭台楼阁，小桥流水，桃红李白，每当荷花盛开的时候，微风习习，馨香暗涌，满湖星月。迎风湖公园巧妙地融入了牡丹文化、角雕文化、书画之乡文化、铜管乐之乡文化等独具垫江地方特色的人文景观，园内素雅的乡村田园式川东民居建筑与点缀其间的现代建筑有机地融合到一起，一处一景，景致各有风韵。

3.3.20　石桥湖

群山苍翠一湖碧，霞光云影归船稀。

苗土村落今犹在，木叶吹奏举世奇。

石桥湖（图 3.38）又名芙蓉湖、江口电站水库，位于重庆市武隆区石桥乡，系重庆武隆 2003 年在芙蓉江截流修建江口水电站形成的库区，水域面积 6 平方千米，湖面海拔 300 米，总库容 4.97 亿立方米，有效库容 3.02 亿立方米。石桥湖水质清澈，风景迤逦，目前已建成芙蓉湖国家湿地公园。

石桥湖群山环抱，山峦起伏，山上郁郁葱葱，植被非常茂密。湖水澄澈如镜，就像一块镶嵌在群山之间的碧玉。湖畔繁花锦簇，草木葱郁。偶尔三两只小船游弋其间，或轻轻划破湖面，或停泊岸边，总是那么悠然祥和。此外，石桥乡是武隆区的四个少数民族乡镇之一，国家民委认定的中国民族特色村寨。石桥湖是苗族、土家族等少数民族的主要聚集区域，国家级名胜区。

▲ 图 3.37　迎风湖

八角村是中国传统村落。"一般仰（推豆花）、二旋毛（杀土鸡）、三踢壳（打糍粑）"民俗美食文化全区闻名。市级非物质文化遗产"木叶吹奏"曾代表重庆参加上海世博会。

▲ 图 3.38　石桥湖

3.4　独具一格的地下水

重庆的水与山有机地融合在一起，水可绕山、切山，可源于山中，即山为自然水塔。还有一部分水，其真面目始终未向世人全部显露，十分神秘，它们就是地下暗河、温泉和矿泉。我们将其称为地下水。

3.4.1　地下暗河

地下暗河，民间称其为阴河，常年神龙见首不见尾。它神秘藏身于喀斯特岩溶区，属地下岩溶地貌，分布于寒武系、奥陶系、二叠系、三叠系等石灰岩地层中，以三叠系嘉陵江组为最。暗河形态多样，以沿山体走向型之最，其延伸长，流量大但动态不稳定。

重庆境内分布大小暗河 244 条，暗河长度多为 5 ~ 10 千米，流量多为 100 ~ 1 000 升 / 秒。其中不乏有"世界第一暗河"之称的龙桥暗河，有似"盗墓笔记"探险般的蒲花暗河，有"出神入化"画卷般的大洞暗河等。暗河系统与钟乳石、石笋、石幔、石柱等岩溶现象共生，形成了极具旅游价值的岩溶景观，可谓是大自然馈赠给人类最宝贵的财富，也是重庆市的自然资源财富之一。

1）世界第一暗河——龙桥暗河

龙桥暗河（图3.39）起源于重庆奉节县南端龙桥乡，为龙桥河水在九弯十八拐后，悄然穿过天生桥，消失在神秘莫测的云龙洞中，后在湖北恩施板桥后进入地表水系统，最终汇入沐抚

▲ 图 3.39　龙桥暗河

大峡谷清江支流云龙河，暗河全长约 50 千米，是迄今世界上最长的暗河系统。暗河约有 3.7 千米出露于地表，形成了山水相依的绝美画廊。

　　暗河沿线分布竖井天窗上百口，每逢冬季就像一个个村落，时而冒出袅袅炊烟，犹如云雾朦胧之仙境。暗河蜿蜒曲折，河水清澈甘甜，河内鱼虾种类繁多，像神仙眷侣般在水中自由地穿梭，穿过石桥，穿过溶洞，自由快活。与迷人的山色、巧夺天工的天生桥、飞流直下的瀑布、悬崖绝壁的峡谷，淳朴的土家民俗风情共同构筑成一道亮丽的风景线。

　　2）最神秘的暗河——蒲花暗河

　　蒲花暗河（图 3.40）位于黔江区濯水镇蒲花河濯水段，暗河尽头是蒲花河峡谷。暗河全长约 2 千米，河水最深处达 20 余米，是一段地质演化造就的万年"时空秘境"！暗河由黑龙潭、万燕洞、天生三桥、地下暗河组成，与 3 座水上天生桥、10 千米原始峡谷和 1 000 余平方米溶洞洞穴等融为一体，形成了独特的地质奇观。它不但有现实版《盗墓笔记》中的梦幻险境，更有偷天换日般的神奇魔力，吸引了成千上万的人前去一探究竟。

▲ 图 3.40　蒲花暗河

暗河内时而见阳光从洞顶山石缝隙里照射下来，时而见河水波光粼粼，时而成泉，时而成瀑。洞内遍布形态各异的石钟乳，有的像美女，有的又像猛兽；两侧石壁则奇形怪状，地质纹理如刀剑镌刻，千疮百孔如滴水穿石。沿着暗河逆流而上，一座座高山巍峨耸立，一条条河流穿山而过，形成了 3 座别有洞天的天生桥，俨如人工桥梁一般，构成了"三桥两洞"的奇特景观，只要划船游一遍便可体验一场"三天两夜"的穿越之旅。

3）不显山露水的暗河——大洞暗河

龙桥暗河与蒲花暗河已经声名鹊起，但并没有代表重庆暗河之全部。其实还有一些风光美丽的暗河尚不为大众所熟知，其中以武隆的大洞暗河为代表。

大洞暗河（图 3.41）位于武隆西南部铁矿乡境内的大佛崖下，于大洞河上中游段长坝镇境内的一个深峡石穴遁入地下，于大洞河河口不远处的天生桥排泄于地表，然后汇入石梁河。暗河全长约 3 千米，与天生桥、神龙地缝、大洞河峡谷形成了一幅雄奇壮美的画卷，一道风景秀丽的画廊，近年来人们纷纷前去探奇觅胜。

▲ 图 3.41　大洞暗河

暗河河水中硫铁矿含量较高，石头呈黄褐色，"黄金谷"因此得名。沿暗河逆流而上，约
3千米处见有一线天之称的神龙峡地缝，呈典型的"Y"字形，两岸峰峦叠嶂，古树参天。峡
谷内犹如神龙穿过，蜿蜒曲折，悬崖峭壁，奇峰秀瀑。暗河内遍布石钟乳、溶洞、洞穴等岩溶
景观丰富多彩，洞口最窄处仅2～3米，但无论多大的水流都能穿越。沿着河流继续逆行而上，
映入眼帘的则是气势蓬勃的龙田沟阶梯"龙田"。这些共同组成了风景如画的暗河风景区。

3.4.2　矿泉水

为什么一定要喝矿泉水？因为矿泉水既能补充水分，又能补充天然的矿物质，如偏硅酸、钙、
镁，长期饮用，有益健康。

什么是矿泉水？矿泉水是指来自地下一定深度，在地下长期缓慢运移，溶解了适量有益于
人体健康的微量元素或有益气体的地下水，长期饮用对人体有保健作用。换句话说，矿泉水是
由水溶山之精华而造就的一种液体矿产资源，可谓巧夺天工。

什么是好的矿泉水？《饮用天然矿泉水》（GB 8537—2018）规定，有7项指标可判断
其是否达到矿泉水标准，如锂≥0.2毫克／升，锌≥0.2毫克／升，锶≥0.4毫克／升，偏硅
酸≥30毫克／升，0.01毫克／升≤硒≤0.05毫克／升，游离二氧化碳≥0.2毫克／升，溶解性
总固体≥1 000毫克／升，其中任何一项达标者即可命名为饮用天然矿泉水，　凡有两项及以上
达标者则为优质矿泉水。

重庆多山多水，这样优越的自然地理条件造就了丰富的矿泉水资源。重庆境内发育三叠纪
地层，根据岩性可以分为不同的单元，年代上从老到新，分布上自下而上依次为飞仙关组、嘉
陵江组、雷口坡组和须家河组。其中飞仙关组含有黏土；嘉陵江组与雷口坡组主要为石灰岩，
产有锶矿等矿产；须家河组为长石石英砂岩。加上构造分布，这些山峰就像一套流水线作业一
样制造着矿泉水。重庆属于亚热带湿润气候区，降雨丰沛，有充足的水源。上述地层当中，亿
万年地质演化导致山脉岩层中形成了含水层，而且部分露出地表，可以接受水源补给。当水流
过须家河组地层，其中砂岩富含硅质矿物，可以为偏硅酸矿泉水的形成提供物质基础。另外，
砂岩风化裂隙连通性较好，具有良好的贮水、导水性，使之成为矿泉水的含水层。矿泉水的补
给区与排泄区相距较远，径流路程长，给矿泉水的贮存和长期缓慢运移提供了不可缺少的时空
条件，使它自补给区从大气降水或地表水体中获得补给水，然后渗入地下含水层，在贮存和运
移过程中与含水介质的砂岩接触，形成偏硅酸，因此决定了重庆矿泉水以偏硅酸为主。此外，

由于嘉陵江组和雷口坡组含微量天青石（硫酸锶）和碳酸锶，当地下水深循环流经上述地层时，便溶滤了其中的锶（Sr）元素，所以本区矿泉水以普遍含锶为特征。此外，矿泉水中还含有锌（Zn）、锂（Li）、铯（Se）等微量元素。

重庆众多青山中常有山泉流出，为当地人常年生活所用。据不完全统计，重庆市现有矿泉水水源地至少12处，其中11处已办矿泉水厂。所产的矿泉水均为饮用天然矿泉水，其中不乏优质产品，如名列全国十大优质矿泉水排行榜第四的中梁山矿泉水。此外，还有神仙石矿泉水、巴岳山矿泉水、缙云山矿泉水、观音峡矿泉水、长冲矿泉水、万年矿泉水、黄山矿泉水、涂山矿泉水、小泉矿泉水、长生矿泉水、长寿矿泉水供大家选择。

重庆的矿泉水水温一般在17～22 ℃，无色、无味、无臭、透明，属低矿化、低硬度、中性泉水。矿泉水水化学类型以 HCO_3-Ca（Mg）为主，有益矿物质或微量元素基本为锶和偏硅酸，水温、流量、水质等动态相对稳定。

3.4.3 温泉（地热水）

重庆是名副其实的世界温泉之都。在重庆这座美丽的山水之城，温泉一如既往地自豪而神圣地存在。它凭借着独特的山形水势，与秀美的山水共生，呈现出"山山有热水，峡峡有温泉"的真实写照；它与重庆的自然风光和人文景观融为一体，天生独具一格，多姿多彩，堪称世界典范。

重庆为何能形成如此众多的温泉？这与重庆山水环境密不可分。首先，重庆的山势导致来自太平洋的东南暖湿气流和印度洋的西南暖湿气流顺着山势走高，随着升高气温降低而使气流中的水蒸气液化形成降水而为温泉水提供了充足的水源。其次，重庆的山很多为喀斯特地貌，岩石里具有的孔隙和裂隙为地下水的下渗和流动提供了天然通道，水流在下渗和运动过程中，通过地温慢慢加热，同时溶解了矿物质于其中。然后，重庆境内大小江河纵横交错，江河在流动过程中下切，不断冲刷减薄地面岩层，最终形成裂隙，而下方被岩层阻挡的地热水便会随裂隙上升即可源源不绝涌升，形成温泉。最后，重庆城区与华蓥山、铜锣山之间地下水位存在高程差，在重力作用驱动下，可以形成地下热水流系统。这样就可以保证有充足的地热水源，保证温泉常年不衰。具体温泉有各自成因，以北温泉为例，经过研究发现北温泉为 SO_4-Ca 型，pH 呈中性，阳离子以 Ca^{2+} 和 Mg^{2+} 为主，阴离子以 SO_4^{2-} 和 HCO_3^- 为主。这些离子的来源主要是石灰石或者石膏与水的相互作用，即地下热水的水－岩作用和风化作用主要集中在储热层。而温泉中 SO_4^{2-} 与 S 同位素异常，这是因为地表与水补给进入了碳酸盐岩地层中，溶解了其中的石膏所致。

1）重庆温泉划分

重庆温泉按温度划分属于低温地热资源低于 90 ℃中的温热水类型，若按形成条件则可以分为天然温泉和人工温泉两大类。

（1）天然温泉

天然温泉是地下水在被地温加热后在一定的地形地质条件下自然出露于地表的地热水。重庆独特的地形地质条件，为天然温泉的出露提供了得天独厚的条件，很多地方温泉相对集中。温泉水温一般为 24 ～ 42 ℃，非常适合人体洗浴泡汤。2021 年 10 月 14 日凌晨 5 点 06 分，重庆市沙坪坝区发生 3.2 级地震，该区青木关镇就涌出了大量的温泉，水量最大时喷出近 1 米高，水温 30 ℃左右，一直长流至今。

天然温泉主要分布于嘉陵江、花溪河、箭滩河、五布河、御临河等江河横切热储构造的河流两岸或河床中，主要有北碚北温泉、青木关温泉、统景温泉、铜锣峡温泉、巴南南泉、小泉、桥口坝温泉、东温泉、御临河温泉、明月峡温泉、武隆县盐三堆温泉、彭水县城边温泉、酉阳两河坝杨家湾温泉等天然温泉 30 处（含硐中温泉 11 处）。出露形式以温泉群为主，出露地层以三叠系下统嘉陵江组为主，上统须家河组、巴东组及奥陶系及寒武系地层为辅，水温 25 ～ 46 ℃，流量 86 ～ 3 700 立方米／日，水化学类型多数为 SO_4-Ca 型，少数为 SO_4-Ca-Mg 型。

悠久的历史和山水背景让重庆温泉常常形成风景文化名区。例如，北温泉泉水来源于 1 处自流泉眼，泉水日流量 2 000 吨／天，水温 35 ～ 37 ℃，属弱碱性硫酸型矿泉，对皮肤、关节、肠胃等疾病有一定疗效。而且它与嘉陵江小三峡、缙云山、温泉寺佛教文化、历代名人文化、温泉文化等融合为一体，魅力四射。

1259 年，蒙古大汗蒙哥攻打合川钓鱼城中炮风，后至温泉寺疗养，试图身体恢复后继续南侵，然而陨落寺中。由此引发横扫欧亚大陆的各路蒙古军回撤，挽救了当时众多国家的命运。由此北温泉成了为数不多的见证世界历史进程改变的著名温泉。

缙云苍苍千年植，无数风雨落清池。

有情最是温泉寺，犹记大汗陨落时。

此外，还有南温泉与民国时期的历史文化和花溪河的婉约之美构成了一幅美丽画卷，东温泉"热洞"的裸浴民俗与五布河的山水风光构成了独特的温泉小镇风情。

（2）人工温泉

人工温泉是源于人工地热水。何谓人工地热水？是指地下水被地温加热后，在一定的地形地质条件下通过人工钻取而获得的地热水，温度一般比天然温泉高。重庆境内地热水储量丰富，自然条件好时形成天然温泉，而有时需要人工条件方能获取温泉，于是就形成了人工温泉。同时，目前，重庆市内共有人工温泉120余处。根据钻井的深度可以分为浅钻井和深钻井，小于1 000米的为浅钻井温泉，大于1 000米的为深钻井温泉。

浅钻井温泉俗称"就热打热"。主要是为了扩大天然温泉的规模而采用浅井钻获取地热水，水温36～53℃，流量193～4 513立方米/日，水化学类型多数为SO_4-Ca型，少数为SO_4-Ca-Mg型。深钻井温泉水温35～63.5℃，流量300～6 708立方米/日。这类温泉主要在高隆起具有热异常的地段采用深井钻获取。例如，海棠晓月温泉就是钻井温泉，钻井井深2 062米，涌水量2 500立方米/日，水温52.5℃，矿化度2.9克/升，水化学类型为SO_4-Ca型。

2）温泉的正确使用

重庆的温泉虽好，但需要了解温泉参数才能合理科学地使用。据重庆温泉水质的统计分析，大多数温泉中总矿化度、总硬度、硫酸根、氟等多项指标超过《生活饮用水卫生标准》（GB 5749—2022）等相关规范的标准，因此不能直接作为生活饮用水，也就是说不能喝。另外，全盐量（总矿化度）、硫化物、氟化物、硼等多项指标超过《农田灌溉水质标准》（GB 5084—2021）等相关规范的标准，不能直接用于农业灌溉、渔业养殖等，因此不能养鱼和灌溉农作物。但重庆温泉却有一个最重要的生活用途——理疗保健，这是因为温泉水中富含多种矿物质和微量元素，其中大量温泉水的偏硅酸、偏硼酸、氟、锶等含量达到理疗热矿水标准，少量温泉水的硫化氢、镭、氡含量达到理疗热矿水标准，加之属低温温热水，因此重庆温泉非常适合泡，通过长期疗养和综合调整可起到较好的养生保健和康复治疗作用。

第**4**章

山水融合的杰作

亿万年来，重庆的山水共同演化，造就了很多神奇的自然景象。一方面，我们似乎感觉到自然造物主是艺术家，把山视为基座，水作为它的艺术刀，用亿万年的创作时间，耐心细致地创造着心目中的山水艺术品。而且，这个创作似乎没有杀青的时间，大自然永远都在地球上永不懈怠地进行着匠心独具的艺术创作。对重庆山水则有着自身相对独立的创意。另一方面，山与水之间似乎又有矛盾性的一面。在地质学上，地质作用可以分为内力作用和外力作用两类。内外力地质作用虽互有联系，但发展趋势相反。内力作用使地球内部和地壳的组成和结构复杂化，造成地表高低起伏；外力作用使地壳原有的组成和构造改变，夷平地表的起伏，向单一化发展。不难发现，重庆的山与水似乎分别对应内力和外力两大作用的趋势，二者由此也似乎有着天然的对立。而山水又相互依存，构成浑然一体的统一单元。此类情况符合对立统一的哲学命题。该命题的原理就是对立统一规律，它揭示出任何事物以及事物之间都包含着矛盾性，事物矛盾双方又统一又斗争推动事物的运动、变化和发展。一切事物要发展必须有对立统一的矛盾存在，不停斗争，成为变化的动力。没有矛盾的事物就是一潭死水，不会发展。矛盾对立体无处不在。由此可以看出，重庆山水为一个对立统一体。正是在这种对立统一中不断发展，形成了壮美的山水格局，其中最能体现这种思想的产物就是峡谷、瀑布和江心洲。这些精彩的景观就是山水共同作用的作品。

山为骨架基座构建重庆脉络，水为血液流淌其中。而无论江河湖流淌之水，还是因自然蒸发而又复还大地的降落雨水，均视山为作品，追求完美而不断雕琢，而山则不介意江河秀刀，知其为塑造更美自身。山水合作在重庆创造出了独具特色的地形名称，我们可以总结为两句顺口溜，即坪、坝、沱、湾、岩、梁、溪与峡、沱、滩、垭、浩、石、碛。而更加令人惊奇神往的是，山水还完美融合创造出了众多自然奇观，我们选择了三种类型：峡谷、瀑布与江心岛，来展示重庆山水天下无二的瑰丽景观，高岸深谷，青山飞瀑，江中明珠。

4.1 重庆的峡谷——高岸深谷

重庆的峡谷因为长江三峡而举世闻名，其实重庆境内分布着众多峡谷，称为"峡谷之都"也不为过。重庆的山脉总体为东北—西南走向，而水流方向除长江外总体为西北—东南方向。

由此山脉与河流在相交处切山造谷,最终出现了一道道险峻而壮丽的峡谷。长江三峡被评为世界峡谷之首,而其实重庆境内有 6 个"三峡"之多,由此我们从"三峡"说起。

1)长江三峡

长江三峡(图 4.1)即瞿塘峡、巫峡与西陵峡,地跨重庆、湖北两省市。其中重庆境内为

▲ 图 4.1 长江三峡重庆段

瞿塘峡与巫峡前段，两段峡谷各有特色，正如苏轼在《巫山》一诗中所描述："瞿塘迤逦尽，巫峡峥嵘起。"长江三峡数百万年前的贯通标志着今日长江的形成，而长江三峡两岸的岩层史书跨度却长达 4 亿多年，有着写不尽的洪荒历史。

瞿塘峡：瞿塘峡是三峡中最短的一个，长度仅有 8 千米，但却是最为雄伟险峻壮丽的一峡。两岸断崖斧劈刀削，相距不到 100 米，形如门户，左为赤甲山，右为白盐山，名夔门，气势雄浑，因此被选作 10 元人民币背面的图案。甚至很多人视瞿塘峡为长江三峡中最美的一段，其险和美古人早有赞誉。李白的《荆州歌》有云："白帝城边足风波，瞿塘五月谁敢过。"后又在《长干行二首》中再次写道："十六君远行，瞿塘滟滪堆。"后黄庭坚与杨万里也提到了滟滪堆，分别写道"投荒万死鬓毛斑，生出瞿塘滟滪关"和"真阳峡袖君须记，个是瞿塘滟滪堆"。杜甫则以"众水会涪万，瞿塘争一门"写出了峡谷斧劈刀削的特点，文天祥的"塘隘处真重险，勾漏坡前又一滩"则把瞿塘峡的惊险从外观写到了具体。总之，瞿塘峡给人一种无限风光在险谷的感觉。

巫峡：巫峡以巫山得名，又名大峡。总长 46 千米，其中重庆境内约 24 千米。是三峡当中最为幽深秀丽的一峡，也被称为最可观的峡谷。与瞿塘峡不同的是，巫峡多奇峰异石，尤其以神女峰为代表的巫山十二峰，千姿百态，云蒸霞蔚，犹如仙境，因此这里成为"巫山云雨"的代名词，打动着无数文人墨客。除了元稹的千古名句外，杜甫诗赞："巫峡忽如瞻华岳，蜀江犹似见黄河"；唐代诗人曹松描述其如仙境："巫山苍翠峡通津，下有仙宫楚女真。不逐彩云归碧落，却为暮雨扑行人"；陆龟蒙也有诗云："巫峡七百里，巫山十二重。年年自云雨，环佩竟谁逢。"加上杨炯的"三峡七百里，唯言巫峡长"等，似乎巫峡独得人们的宠爱。

▲ 图 4.2　长江三峡

2）长江小三峡

长江小三峡是长江进入重庆后，切穿了重庆主城之山而形成的。切穿中梁山形成猫儿峡，切穿铜锣山形成铜锣峡，切穿明月山形成明月峡。峡谷展示了从 2.5 亿年前的二叠纪开始一直到今天巨厚的地层万卷书。

猫儿峡（图 4.3）：有石如猫捕鼠状，故得此名。长约 2.5 千米。"山容留禹凿，峡意仿夔门。"这是清代著名诗人张问陶于乾隆五十七年（1792 年）路过大渡口时所作的诗歌《猫儿峡》。猫儿峡，在大渡口跳磴镇境内。猫儿峡景观奇特：石壁高耸入天，犹如半个夔门。位于重庆市巴南区铜罐驿下游，为长江小三峡之一，原名大茅峡。王士正《蜀道驿程记》云："过猫儿峡，莲峰叠嶅，亏蔽云日，一山突起，石棱刻露，其色青碧，曰青石尾。"猫儿峡北岸是壁立千仞、刀壁斧削的金剑山，南岸则是怪石横江，形如层层堆积的书本，人称"万卷书"。

铜锣峡（图 4.4）：又名石洞峡、黄葛峡。铜锣峡全长 2.78 千米，壁高 513 米，悬崖峭壁，夹江对峙，是溯江进入重庆城区的水路门户，战时素有"东陲屏障"之称，为历代兵家必争之地。铜锣峡位于铁山坪山脊南端。据《巴县志》卷一记载："该峡悬崖临江下，有圆石如铜锣状，故得此名。"另据《华阳国志》载："当初大禹疏通九河，见一山拦住长江去路，即挥开山斧辟之，山裂处即为铜锣峡。"

明月峡（图 4.5）：长约 1.85 千米。即今重庆市东北长江明月沱。东晋常璩《华阳国志·巴志》："（巴）郡东枳有明月峡。"《水经·江水注》："江水左径明月峡，东至黎乡。"《寰

▲ 图 4.3　猫儿峡

▲ 图 4.4　铜锣峡

▲ 图 4.5　明月峡

宇记》卷 136 巴县："明月峡在县东北八十里……李膺《益州记》云：广阳州东七里，水南有遮要三槌石，东二里至明月峡，峡首南岸壁高四十丈。其壁有圆孔，形若满月，因以为名。"峡首西岸壁高百余米，其壁有圆孔，形若满月，故得此名。

3）大宁河小三峡

小三峡全长约 50 千米，自南至北，由龙门峡（图 4.6）、巴雾峡（图 4.7）和滴翠峡（图 4.8）组成。小三峡开于三叠纪岩层之中，书卷虽无亿万年跨度，但仍显出远古沧桑。龙门峡（又名罗门峡）位于巫山县城东，长约 3 千米，峡口两山对峙，峭壁如削，形若一门，故得此名，又有"小夔门"之称。西岸绝壁上的古栈道遗迹至今犹存。由龙门峡溯河上至巫溪檀木坪，连绵 160 余千米，相传为国内最长的古栈道遗迹。巴雾峡（又名双龙峡）位于龙门峡和双龙场之间，长约 10 千米，幽奇深邃。马钻山一带的千年钟乳，百态千姿，比比皆是。滴翠峡（又名双龙上峡）位于双龙场上游，长约 20 千米，其秀丽为小三峡之首。赤壁摩天，水色黛碧，峡中有峡（耳峡），充满诗情画意。其中水帘洞、金猴峰、青云梯、罗家寨、赤壁山、帐门子等处，景色胜绝。

▲ 图 4.6　龙门峡

◀ 图 4.7　巴雾峡

◀ 图 4.8　滴翠峡

与长江三峡的宏伟壮观、雄奇险峻相比，小三峡则显得秀丽别致、精巧典雅。乘舟畅游其间，峡道狭窄，河窄更显峰高，峰高更显河窄，抬头只见一线天，峡壁擦身而过，使人更觉幽深。还有小小三峡水道更为狭窄，峡谷越发幽深，步行在栈道上，与山水交流的触觉和快感，使你觉得与山水更加亲近。

4）嘉陵江小三峡

嘉陵江小三峡（图 4.9）是沥鼻峡（又名牛鼻峡、铜口峡）、温塘峡（又名温泉峡、温汤峡、东阳峡）、观音峡的统称，分别为嘉陵江切穿云雾山、缙云山和中梁山所形成，加上其间江体长度，总长 27 千米。峡谷跨越沥鼻峡，位于重庆市合川区盐井镇一带，全长 4.5 千米，从龙洞沱起到方家沱。峡中江流湍急，峡岸群峰高耸，溶洞发育。温塘峡全长约 2.7 千米，处于缙云山段，居于嘉陵江中部，在三个峡谷中最短，也最窄。因峡中有三股温泉而得名。峡谷深邃，江水平静，风光妩媚多姿。不仅如此，还可以沿着张飞古道探秘，一睹张飞带军队北上阆中所经的古栈道。温塘峡附近还有宁静的古村落金刚碑，如今重新焕发往日光彩，成为网红打卡地。山峦拱翠，古树参天，江边天高云阔，江清沙白，别有一番风景。

▲ 图 4.9　嘉陵江小三峡

古镇藏青山，金刚临江仙。

挥毫何落笔，泼墨天地间。

观音峡在四川万源，云南丽江有同名峡谷，然此小三峡之观音峡却十分独特，全长约4千米，最窄处江宽仅140米左右。在1千米之内可见五座大桥跨江而过，十分奇特，而右侧山体上有"八桥叠翠"景观台，山下八座大桥一览无余，映衬山景，蔚为壮观。

5）马渡河小小三峡

马渡河是大宁河的一条支流，发源于大巴山深处，自东北向西南，流经巫山滴翠峡东岸，于登天峰附近注入大宁河。在下游依次形成了三撑峡、秦王峡、长滩峡，称为马渡河小小三峡（图4.10）。虽然体量不及主流，但同样在2亿多年的三叠纪灰岩卷中留下了浓墨重彩的一笔。

三撑峡：始于马渡河入口，全长15千米，是小小三峡第一峡。因为峡谷内河道狭窄，逆水行舟，必用篙竿不停撑船，因而得名"三撑峡"。

▲ 图 4.10　马渡河小小三峡

秦王峡：从上渡口至双河，全长 4 千米。据说明代有一位姓秦的人，尊皇命于此熬硝监制炸药有功，朝廷封其为秦王，洞遂名"秦王洞"，峡亦名"秦王峡"。

长滩峡：自双河至平河，全长 5 千米。峡中有一段长约 2 千米的河滩，宽十余米，水清石白，笔直一线，故名长滩峡。

峡谷不仅风光奇秀，沿岸也可见色彩斑斓的卵石与化石。而且水流速度适中，是漂流理想之地，被誉为"中国第一漂"。

6）鸭江小三峡

鸭江是指发源于金佛山北麓的大溪河，自武隆区鸭江镇到汇入乌江，长约 20 千米，因民间传说该河段幽深河水之下潜藏着一只神奇的"金鸭子"，故得名"鸭江"。由此，人们把从鸭江镇至乌江河口 10 千米中的三个景色迥异的峡谷称为鸭江小三峡（图 4.11），从上游到下游依次为谷雨峡、花园峡、犁辕峡。峡谷两岸的地层从二叠系到三叠系，也就是说鸭江为了造出峡谷，无意间为我们翻开了一页见证生命从浩劫到复苏的地球历史画卷。

▲ 图 4.11 鸭江小三峡

谷雨峡：谷狭河险，五彩奇幻，形似一道道雄关险隘。狭窄的河床布满一道道湍急的险滩，江流凶戾。在一处处嶙峋可怖的险滩之间，镶嵌着一汪汪小平湖，这些小平湖有大有小，浅的仅约1米，深的在5米以上。

花园峡：峡口处两块三丈高的石壁巍然耸立，气势雄峻，形成一道紧锁峡江的"石门"。"石门"旁边挺立着一棵酷似黄山迎客松的古柏树。峡谷峭崖绝壁之上绿荫掩映，各色鲜花，异香袭人，恍若徜徉在一个未经雕饰的旷野花园中。此外峡谷中还深藏着许多溶洞，洞体娇小玲珑，里面生长着千奇百怪的石笋和石钟乳。

犁辕峡：峡谷水流顺山势曲折前行，状若农夫驾牛耕田的犁辕，因而得名"犁辕峡"。河道两侧崖岸陡峭，利峰笔直，如箭直刺蓝天。两岸峭壁对峙，有几处紧依紧靠，只露出一线青天。左右两岸常年有10多处瀑布飞泻，若遇雨天，壮观异常。

7）北碚金刀峡

天生幽峡藏青山，碧水溪流一线天。

冥冥岩卷书山谷，亦有金刀刻画间。

金刀峡（图4.12）位于重庆市北碚区金刀峡镇，华蓥山西南麓，海拔880米。峡谷以峡著称，以林见秀，以岩称奇，以水显幽。金刀峡峡如其名，虽然纵贯于三叠纪岩层之中，但金刀却巧夺天工地把长达9千米的峡谷分成了上峡和下峡两段。上峡由于喀斯特地质作用，地面切割强烈，形成独特的峡谷沟壑，两岸石壁如削，山势呀合，垂直高度超过百米，上有古藤倒挂，下有潺潺流水；下峡由于流水侵蚀作用，有众多洞穴群，潭潭相连，碧玉串珠，飞泉瀑布层层叠叠，古钟乳、石笋、石柱千姿百态。

8）南川神龙峡

神龙峡（图4.13）位于南川南坪镇，因为地形像是一条横卧山涧的巨龙，而且峡谷内处处有关于龙的传说，因而得名神龙峡。至于神龙峡的神龙有多大年纪，答案在两侧岩层中可见一斑，其地质时代可追溯至遥远的寒武纪到奥陶纪，多达5亿年到4亿年，在那个时候大自然就已经开始为刻画神龙做准备了。峡谷全长约4.2千米，谷底平均宽度约50米，最宽处90米，最窄处仅10米，呈典型的"Y"字形深切峡谷形态，两侧山体多在海拔1300米以上，其中最高峰豹子岭海拔1380米。峡内林深竹茂、流水飞瀑、峰峦绝壁、虫鸣鸟唱。森林覆盖率达90%以上，神龙峡空气清新，景区负氧离子含量平均每立方米8万个左右，是天然的大氧吧。

▲ 图 4.12 金刀峡

▲ 图 4.13　神龙峡

9）万盛黑山谷

　　黑山谷（图 4.14）是重庆与贵州两省市的界线峡谷。这里距离神龙溪不远，同样位于寒武纪地层当中，似乎得到老天偏爱，在制造神龙的同时，也留下了一处奇美峡谷供世人观赏。峡谷长 13 千米，山顶与谷底高度在 400 ～ 600 米，河谷两岸坡度 70°～ 80°，部分坡岸直立在 90°以上，河谷宽 40 ～ 50 米，局部狭窄，虽没有像其他峡谷那样分为多段，但亦包含了多处精彩峡谷，例如鱼跳峡、野猪峡、猴跳峡。这些迷你峡谷最宽不足 10 米，最窄处仅 2 米。沿河有平缓地，上面是丘陵和山地，呈阶梯状地形，河谷断面呈 "V" 字形，河面狭窄。峡谷有峻岭、峰林、幽峡、峭壁、森林、竹海、飞瀑、碧水、溶洞等，随春、夏、秋、冬四季更迭各自呈现奇妙佳景。

▲ 图 4.14　黑山谷

10）酉阳苍岭大峡谷

苍岭大峡谷（图4.15）原名阿蓬江大峡谷，是阿蓬江流经酉阳县苍岭、两罾、龚滩等地下切形成的峡谷，全长75千米，景观独特。这里同为阿蓬江制造，而地质时代比黔江城区的城市大峡谷还要早上千万年，可追溯至寒武纪，形成了一本厚重的地质史书。大峡谷中景观最漂亮的部分当属神龟峡，从两河镇到酉阳大河口，全长38.9千米。神龟峡因峡口两山酷似双龟对卧而得名，集原始峡江、温泉、溶洞、间歇泉、天生桥、大漏斗、地下暗河、悬棺于一体，有人将此评价为"峡谷柔情，诗画仙境"。

　　　　唐崖出鄂向渝行，乌江翘楚雄奇名。

　　　　神龟一碧肩三峡，长育苗人绘武陵。

▲ 图4.15　苍岭大峡谷

11）巫溪兰英大峡谷

兰英大峡谷（图4.16）位于巫溪县双阳乡、兰英乡境内，因传说中的绿林女英雄——薛刚之妻纪兰英而得名。峡谷全长100余千米，谷底最窄处仅有13米，平均深度1 500余米，最深处达 2 400 余米，有"重庆第一深谷"之美誉。站立峡谷路边，可感觉峡谷犹如海沟一般深不可测，因为峡谷所在岩石时代可以追溯至 4 亿多年前的志留纪，主体则为二叠纪和三叠纪，时代并非很多，但巨大的落差山体地貌似乎注定这里记录了一段跌宕起伏的地球历史。峡谷地貌奇特，以瀑高、峰险、山奇、石怪、水清、洞幽，构成一条世界上罕见的山水画廊。谷内嶂谷、隘谷呈串珠状分布，因崩塌作用而形成的山崩地裂奇观国内外罕见。峡谷从高到低，穿越亿万年，两侧路边可见远古珊瑚礁体，见证了 2.5 亿年前的海洋时代。

▲ 图 4.16 兰英大峡谷

12）武隆芙蓉江大峡谷

芙蓉江大峡谷（图4.17）长约35千米，陡直威严，是典型的"V"字形峡谷，原始植被密植，泉水瀑布高挂飞流，在峡谷间游荡，如临梦幻仙境，似乎与峡谷两岸对应的地质时代风云相得益彰，这里的地层可以从寒武纪一直到二叠纪，跨越接近3亿年，其间生命演化故事不可谓不奇幻。翁若梅早有诗云："闺藏深山人未识，一朝闻名天下惊。水送山迎入芙蓉，一川游兴画图中。"这是人们对芙蓉江大峡谷发自肺腑的赞美。

▲ 图 4.17　芙蓉江大峡谷

13）涪陵武陵山大裂谷

武陵山大裂谷（图 4.18）是一条长约 10 千米的喀斯特地貌原生态裂谷，其中一段长约 1 500 米的裂谷地缝冠绝天下。海拔 600 ~ 1 980 米，峡谷两侧山峰落差可达 700 余米。大裂谷地层时代虽只有三叠纪，但却得到了自然的充分利用，把一段三叠纪的岩卷很好地呈现在世间。整个裂谷雄阔壮美、气势磅礴。峡谷内拥有形成于 2.5 亿年前的"铜墙铁壁"，被国家地理杂志评为"全国 100 个最佳拍摄点"；世界上平均宽度最窄最长的地缝——青天峡地缝；全国第二深竖洞——万丈坑；全国已发现的暗河瀑布之最——老君洞瀑布。

14）黔江城市大峡谷

黔江城市大峡谷（图 4.19）位于重庆市黔江区主城当中，拥有"城在峡谷上，峡谷城中央"的全球罕见、亚洲唯一独特城市景观，长 8 千米，平均谷深 200 米，峡谷最深处近 500 米，峰高 600 余米，落差 900 米，面积 723 公顷，属典型的喀斯特地貌，是一个横跨奥陶纪、志留纪、泥盆纪、二叠纪、三叠纪、侏罗纪和白垩纪 7 个地质年代，时间超过 3 亿年的大峡谷，也是中国唯一的城市大峡谷，世界罕见的砾岩溶洞群。峡谷被打造为著名的芭拉胡景区，芭拉胡即是土家语"峡谷"的意思。

▲ 图 4.18 武陵山大裂谷

▲ 图 4.19 城市大峡谷

15）城口亢谷

　　城口亢谷（图4.20）位于大巴山腹地，相传古时在亢河两岸住着很多亢姓家族，"亢谷"因此得名。海拔900～2 680米，南北长约35千米，主体峡谷沿亢河长约8千米。亢谷两岸的岩层时代可谓重庆峡谷之冠，远至6亿多年前的震旦纪与5亿多年前的寒武纪，与峡谷的幽深相得益彰。城口亢谷景区风景优美，负氧离子含量极高，山峰俊秀，有"小张家界"之称。

▲ 图 4.20　城口亢谷

4.2　重庆的瀑布——青山飞瀑

　　重庆的青山绿水造就了众多瀑布，目前可查的大小瀑布有数百条，其中不乏国内顶级瀑布和特征独一无二的瀑布，或雄浑壮美，气势磅礴，或婉转柔美，小家碧玉，构成了重庆最摄人心魄的风景线。

1）万州青龙瀑布

　　说起重庆第一瀑，当属万州青龙瀑布。青龙瀑布位于万州区境内，距城区 30 千米，宽 115 米，高 64.5 米，瀑布面积达 7 417.5 平方米，比我国著名的黄果树瀑布还宽 19 米。众所周知，黄果树瀑布是世界第三大瀑布，被誉为"华夏第一瀑"。在宽度上，青龙瀑布也堪称第一，因此也被很多人认为是饮誉中外的"亚洲第一瀑"。青龙瀑布所在的山区为典型的喀斯特地貌和硬质砂岩发育区，多陡崖峭壁，海拔 280 ~ 670 米，青龙河贯穿全境，因此形成了壮观的瀑布。该瀑布的独特之处不仅仅是因为其雄伟壮阔，而是瀑布的走向呈弓形，这使得瀑布成为名副其实的水帘洞。沿着瀑布内部的小道前行，从瀑布里面眺望外面的景色，另有一番滋味。瀑布之下有一个约2 000平方米的石洞，造型奇特，令人神往，是观瀑的绝佳去处。瀑布区是三国时期吴国大将甘宁的故里，瀑布不远处是甘宁将军墓和甘宁雕像。青龙瀑布由仙女滩、鲸鱼口、马尿溪等多个瀑布组成，是三峡旅游线景观独特的瀑布群，也是重庆乃至国内都少见的富有历史人文积淀的大瀑布。

2）江津望乡台瀑布

江津望乡台瀑布（图4.21）高152米，宽38米，是四面山的标志性景点，也是四面山上百挂瀑布中最为壮观的瀑布，比著名的黄果树瀑布高出一倍以上，堪称"华夏第一高瀑"。瀑布绝妙之处不仅在于飞瀑高出九天外，水声如雷，震山撼谷，更在于晴朗之日，经阳光的折射，赤橙黄绿青蓝紫的彩虹融入飞瀑，在山谷间架起一座令人神往的彩虹桥。只要是夏季晴朗之日，每天上午九点到十一点左右，望乡台瀑布彩虹几乎都会准时出现，堪称一绝，因此有"七彩飞瀑"的美称。远观可见在高高的山崖上，一挂宽大的水幕凌空而下，被清风扬起的水雾弥漫山间，好像一位羞涩的新娘披着洁白的婚纱。仰望瀑布，气势磅礴，摄人心魄，那朦胧扑朔的水雾弥漫眼前，仿佛令人置身天宫玉宇一般。

▲ 图4.21 望乡台瀑布

3）梁平崖泉瀑布

在梁平区蟠龙镇古驿道旁的陡峭峡谷口，有一瀑布，古时称为"喷雾崖"，现称为"崖泉瀑布"（图 4.22）。据《梁山县志》记载，"崖泉瀑布"下泻两百余丈，宽二三十丈。水势汹涌澎湃，浪花似飞珠溅玉，激起云升雾腾，在山谷中发出巨大轰鸣，如雷霆震荡山川，四方回旋，若站在下游仰望瀑布"恰似银河下九天"，其壮观胜过庐山瀑布。南宋著名诗人范成大称该瀑布为"天下瀑布第一"。

▲ 图 4.22　崖泉瀑布

4）北碚大磨滩瀑布

悬岩镇日雪花弹，十里清溪大磨滩。

万古晴空霏玉屑，我来六月亦知寒。

这首诗题为《高滩喷雪》，描述的就是大磨滩瀑布（图 4.23）的美景。大磨滩瀑布位于重庆市北碚区歇马镇天马村，因地处龙凤溪尽头高坑岩，又名高坑岩瀑布，为悬岩瀑布，宽 62 米，高 38 米，是主城中面积最大的瀑布，属瀑布型自然风景旅游景区。大磨滩瀑布白练千条，五光十色，气势磅礴，吼声如雷。两侧林木葱郁，站在瀑布下，一股清凉的气息扑面而来。瀑布左边林木葱茏，遮天蔽日；右边一片农田，与桃花山紧连，每当桃花盛开，风光秀丽；瀑下有一深潭，水深十数米，宽百余米，碧波荡漾，清澈见底，荡桨其中，令人流连。从瀑布流下来的水汇入一条平静的河中，浅水处的河水较为清澈，隐约可见河底碎石，白鹭栖息，鱼儿游弋，初夏到此钓鱼、戏水都是相当不错的享受。此外，在瀑下数百米另有小坑岩瀑布一道，瀑高8米，宽40米。瀑上建有石桥一座，水击桥下乱石，浪花飞溅，水雾茫茫，别有一番情趣。瀑下江宽水平，江心有一沙洲，洲上雀鸟云集。左岸一山，经江流切断，山势险峻，右岸古篁成林，蔚蔚葱葱，佳景难得。大磨滩瀑布的美景吸引了众多社会名流。抗战时期，孙中山之子、国民政府立法院院长孙科在此建有别墅一处。郭沫若、翦伯赞、于右任等知名人士和众多文人曾游览于此，并留下大量诗篇。

▲ 图4.23　大磨滩瀑布

5）巫溪大宁河庙峡瀑布

重庆境内有一条神奇的瀑布，可以形成一个罕见而瑰丽的景色——白龙过江（又名珍珠帘），这就是巫溪大宁河庙峡瀑布（图4.24）。瀑布在西岸峻茂的峭崖间从天而降，宛如一条矫健的白龙，撞石飞越宽近百米的大宁河，汹涌壮阔，七彩斑斓，蔚为壮观，形成"飞瀑峡中过，舟从瀑下行"的天下奇观。有时瀑布水量没有这么多，瀑布跌落江心，激起的水烟雨雾，弥漫峡谷，亦算是"白龙半过江"了。遗憾的是，这种奇景难以得见。但可以在雨后欣赏到瀑布水雾形成的彩虹，犹如仙境中的彩虹桥，亦有一番别样风景。

▲ 图 4.24　庙峡瀑布

6）涪陵青烟洞梯级瀑布群

重庆有一个特殊的瀑布群，由天然和人工共同组成的梯级瀑布群，这就是涪陵青烟洞梯级瀑布群（图4.25）。龙潭河、同乐河和青羊河三条河流，在青羊镇八一桥被八一桥大坝和新桥大坝拦截用于梯级发电，最后水流汇入龙潭河水系。天然峡谷地形地貌，再加上人工修建的6级梯级发电站所造就的峡谷瀑布达数十处之多，其中以青烟洞瀑布最为壮观，垂直高度近60米，宽度约25米。

7）武隆龙水峡地缝瀑布

重庆有很多地缝。地缝似乎给人感觉是水泄漏的地方，然而在武隆的一条地缝中却形成了壮观的瀑布，这就是龙水峡地缝瀑布（图4.26）。龙水峡地缝长4千米，深300米左右，宽不过10米，最窄处仅1米。在地缝中有80米的瀑布水帘，瀑布从悬崖的这边泻出，落到对面的悬崖底下，约100米的落差，使得瀑布周围腾起细浪，形成青山白瀑的独特景观。

▲ 图4.25　青烟洞瀑布　　　　　　　　▲ 图4.26　龙水峡地缝瀑布

8）沙坪坝飞雪岩瀑布

飞雪岩瀑布（图 4.27）也称梁滩河瀑布，因安静流动的梁滩河在距离土主镇五一村盘龙塆高滩桥（四塘桥）大约 500 米处，河流出现了高达几十米的落差，形成了壮观的瀑布。飞雪岩一名给人一种白雪纷飞的美感，而"飞雪岩"一词则大有来历。此地原始名称已不可考，宋高宗绍兴十年至二十七年（1140—1157）间，冯时行因不附秦桧和议被罢官归乡。一日与本地友人李沂等游历至此处，"见其形势凛然，故更其名飞雪岩"，因此得名。后南宋淳熙八年（1181），李沂将冯时行游历飞雪岩所作游记刊刻于飞雪岩右岩石壁上。瀑布取此名更富有诗意和历史底蕴，且更形象。瀑布跌落时，水花如飘飞的白雪，向着崖壁四周纷飞而散，壮观的景象沁人心脾，轰然之声很远都能听到。瀑布下有一座深潭，右岩石壁有石刻及造像。左壁下有一天然岩洞，高约 10 米，宽约 20 米，古称"栖真洞"。上层河床有一石坑，古称"九曲池""流杯池"，岸边曾建有九层阁楼。这些与附近的飞雪寺共同构成了一个独特的瀑布景区。

▲ 图 4.27　飞雪岩瀑布

9）南川金佛山龙岩飞瀑

　　龙岩飞瀑（图4.28）有两点神奇之处，一是地处金佛山独特的喀斯特桌山地貌，二是恰好为龙岩河的源头。这些共同造就了这个神奇的岩溶瀑布。具体位于金佛山龙岩景区石板沟，高约200米，宽约10米，飞流直下，散若烟雨，故得"龙岩飞瀑"之名，又因瀑布旁边的山头形状酷似张开的马嘴，又名马尿水瀑布。远观瀑布，只见苍翠欲滴的青山之间一条白飘丝缎从半山腰垂挂下来，疑似一条银链出云端。走近瀑布，不由得令人吟出"遥看瀑布挂前川""飞流直下三千尺"的诗句。若遇谷风倒卷，水雾翻飞，好似水流高过岩口，形成"水往高处流"的奇观。从无人机视角看风景别样，正所谓"拔地万里青嶂立，悬空千丈素流分"。

▲ 图4.28　龙岩飞瀑

10）铜梁老虎口瀑布

　　发源于永川区的小安溪，流经铜梁区二坪镇狮子村，受高坑电站大坝的阻拦，在大坝下露出长约千米、宽100多米的河床，因河道突然变陡变窄，状似老虎的大口。每临夏季特别是暴雨之后，河水猛涨，汹涌澎湃咆哮而下，形成了壮观的老虎口瀑布（图4.29）。站在岸边望去，湍急的水流汹涌澎湃咆哮而下，撞击在岩石上形成巨大的响声，卷起千堆万朵白雪似的浪花，令人心潮澎湃。场景和虎口形状会让人想起壮观的云南虎跳峡。瀑布之前，小安溪两岸风景如画；瀑布下游是一个深潭，潭中心一尊巨石屹立水面。潭水清澈，游鱼群群，水面之上时而可见白鹭飞行，一副怡然自得的自然风光。

▲ 图 4.29 老虎口瀑布

11）开州龙洞岩瀑布

龙洞岩瀑布（图4.30）位于开州区义和镇相辞村与仁和村交界芦溪河下游约2千米处。瀑布高60米，宽60米，规模可观，最大亮点是由跌水瀑和悬瀑组成。走进瀑布，可见水流从岩石山体上倾泻而下，如同一帘白帐悬挂于山间，两岸植被茂密，郁郁葱葱，瀑布飞流而下，仿若林间穿梭的白色巨龙。瀑布背靠巨大陡直的红色砂岩体，在水流长久的冲刷下变得光洁锃亮。底部是瀑布长年累月冲击下形成的深水潭。

12）巴国天潭高滩瀑布

巴国天潭高滩瀑布（图4.31）位于重庆市巴南区南彭镇鸳鸯村的巴国天潭景区内。瀑布西北有养生休闲胜地莲花山，山上有著名的高滩寺，瀑布因此得名。河水在飞下高滩之前，几处瀑流低矮平缓，水声潺潺，至高滩上形成一大平湖，波光粼粼，宛如一块巨大的温润的碧玉。紧接着就飞身扑下约50米的高崖，水声如雷，似龙吟虎啸，震撼山谷！若站在谷底仰望，只见瀑布犹如一块巨大的白玉帘幔，从山上直铺而下，银光闪闪！崖下白浪翻滚，飞花溅玉，激起层层水雾，凉气逼人。向周围观望，山上树木参天，浓荫蔽日，竹影婆娑，景色优美。沿着溪流漫步，看脚下白浪翻滚，观湖边浅灰巨石，闻溪水瀑流之声，令人赏心悦目。

▲ 图 4.30 龙洞岩瀑布

▲ 图 4.31 巴国天潭高滩瀑布

13）北碚高滩瀑布

除了巴国天潭高滩瀑布，北碚区也有一个高滩瀑布（图 4.32）。这是一处断崖式瀑布，在雨季发大水时，飞流直下，蔚为壮观。紧邻瀑布有一个观景平台，一棵枝繁叶茂的黄桷树将整个平台遮盖严严实实得，在台上观看奔珠溅玉，咆哮如雷，别有情趣。略有遗憾的是，瀑布在平时因为水流较少，仅形成细流瀑布，然而漫步石桥，倾听流水潺潺，近看山涧，溪水涓涓两旁松树林立，青竹数株，呼吸着山间清新的空气，一切皆散发出诗意的芬芳，别有韵致。

▲ 图 4.32　北碚高滩瀑布

14）开州满月瀑布

开州满月瀑布（图 4.33）位于开州满月乡双河口沿线的公路旁，又称天水飞瀑。平时驻足仰望，可见白水坚毅跌落向下，山风扯出细微水珠，组成氤氲迷雾，镶嵌在外围。仔细张望，瀑布就有了生命，仿佛出浴少女，披着白纱，绕着轻雾。若是赶上下雨天，则可见瀑布从高处倾泻，气势磅礴，蔚为壮观。水借山势，依山而下，好似无数条白色丝带搭在绿色山林之间，一幅梦幻的画面。有话说得好：飞瀑有着"白水如棉不用弓弹花自散，青潭似靛无须墨染色蔚蓝"的意境。

4.3　重庆的江心洲——江中明珠

　　万里长江进入重庆境内后，从上游带来的大量泥沙到江面开阔处，流速减慢，泥沙在这里沉积，渐渐形成一块块浅滩，浅滩上水流更缓，沉积加剧，进一步形成江中心滩，心滩上形成附着物，平时高出水面，洪期加速淤积，由此心滩规模日益加大，最终逐步形成了以砂砾物质为主的江心洲。

　　重庆长江段中总计形成了大小十二个江心洲。地质学上心滩定义为辫状河河道中的标志性地貌单元，而辫状河的河道宽而浅，频繁迁移，游荡不定。由此可见，重庆的这些江心洲见证了长江荡气回肠的一段历史。而同样心滩可指代各类河道砂坝，按心滩与河流方向的一致、垂直还是斜交关系可分为纵向砂坝、横向砂坝、斜列砂坝。重庆长江中的江心洲与江流方向是一致的，因此属于纵向砂坝。

重庆人对这些江心洲的命名显然体现出重庆独特的山水文化。山城平地缺少，因此重庆人见到地势平缓的地方，称为"坝"，对照砂坝，颇有专业气息。而江心洲总体起伏不大，因此大多被称为"某某坝"，少数称为"某某岛"。重庆的十二个江心洲恰好对应一年的十二个月，有人则称为"十二金钗"。我们认为江心洲是长江流过重庆留下而赐予这片土地的珍宝，我们理解为"十二明珠"。

1）江津中坝岛

中坝岛（图4.34）位于江津区石蟆镇羊市社区，面积2.7平方千米，有"长江入渝第一岛"之称。岛的组成以砂土为主，加上四面环水、光照充足，十分宜居和种植，自清朝起就有人上岛定居。当前中坝岛主要种植甘蔗和龙眼，已成为观光景点。

▲ 图4.34　江津中坝岛

2）永川温中坝

温中坝（图 4.35）在"十二明珠"中面积最小，位于永川区松溉古镇长江江心、四面环水，地理环境优越。坝上芦苇生长茂盛，沙滩广阔。长江的经年作用，在坝上堆积了大量鹅卵石，是研究卵石输移规律以及河道的理想场所。

▲ 图 4.35　温中坝

3）渝中珊瑚坝

珊瑚坝（图 4.36）属于渝中区南纪门街道，是河道淤积形成的自然沙砾洲，东西长 1.2 ~ 1.8 千米，南北宽约 0.6 千米。每年夏季洪水期，珊瑚坝常被淹没。枯水期面积约 30 万平方米。因地势平坦，曾建有机场和跑马场，如今逐渐成为滩涂湿地。

4）南岸广阳岛

广阳岛（图 4.37）原称广阳坝、广阳洲，位于重庆市南岸区明月山、铜锣山之间，面积 6.44 平方千米，海拔 200 ~ 281 米、内河长 7 千米、水面宽 200 ~ 400 米，是重庆面积最大的江心绿岛，也是长江的第二大岛，仅次于上海崇明岛。东晋史书《华阳国志》记载，广阳岛原名广德屿，后因三国时期在其上游铜锣峡设阳关，分别取"广""阳"二字，称为广阳岛。如今，广阳岛已经成为长江水域的生态宝岛，重庆独具特色的江河景观、自然生态资源和重庆现代城市功能的重要基地。

▲ 图 4.36　珊瑚坝

▲ 图 4.37 广阳岛

5）巴南中坝、桃花岛、南坪坝

中坝（图 4.38）位于巴南区鱼洞镇，三峡工程蓄水后岛屿面积约 1 平方千米。因地势平坦曾在抗战时期作为机场，如今是重庆市蔬菜基地。

▲ 图 4.38 中坝

　　桃花岛（图 4.39）位于巴南区木洞镇。长 3 250 米，最宽处 1 150 米，海拔最高点 310.5 米。长江三峡 175 米水位线以上面积约 3.7 平方千米，环岛岸线整治后面积可达 4.22 平方千米。

◀ 图 4.39　桃花岛

　　南坪坝（图 4.40）面积约 1.4 平方千米，是三峡工程蓄水后长江中少数没有被淹没的江心岛之一。坝上地势平坦，土地肥沃。

◀ 图 4.40　南坪坝

6）涪陵坪西坝

坪西坝（图4.41）位于涪陵城东长江"几"字形10余千米处的河段江面，面积450余亩。岛屿为沙洲，土质肥沃，适合种植，森林覆盖率达95%，风景秀美，有着"长江明珠""人间仙岛""江心绿宝石"等多项美誉。三峡水库蓄水前的坪西坝涪陵区南沱镇坪西村，如今已经成为三峡库区无人居住的最大江心孤岛。

▲ 图 4.41　坪西坝

7）丰都丰稳坝

　　丰稳坝（图 4.42）位于丰都龙河河口与长江交汇处，相传为隋文帝巡游时所命名。"丰都"一名则来自隋代，取长江中"丰稳坝"首字与"平都山"之"都"字。如今受三峡工程"蓄清排浑"运行方式的影响，丰稳坝演变成具有季节性水位变动的沙洲岛屿湿地。

▲ 图 4.42　丰稳坝

8）忠县皇华岛、石宝岛

　　皇华岛（图 4.43）因宋度宗抗元把咸淳府（忠州古称）迁居岛上，故得名"皇华城"，后城被毁，而岛名则沿用至今。三峡水库蓄水后，皇华岛成为三峡库区唯一的岛屿，也是长江上游第一大生态岛。该岛面积约 2 平方千米，海拔 240 米，岛上林木繁盛，一派田园风光。

　　石宝岛（图 4.44）原名玉印山。"石宝"一词源自此地临江处有一块十余丈高的巨石，相传为女娲补天所剩的五彩石，故称"石宝"。该岛位于忠县长江北岸，通体为一巨大的山峰石壁。不同于其他江心洲，此处为三峡工程蓄水到 175 米后成为的江中孤岛。水位降低到 145 米时，又会变成半岛。石宝岛面积不足一个足球场大，因著名的石宝寨而名扬天下，被誉为"江上明珠"。

▲ 图 4.43 皇华岛

▲ 图 4.44　石宝岛

9）奉节白帝岛

白帝岛（图4.45）位于长江和奉节草堂河交汇处，原为连接陆地、三面环江的半岛，三峡工程蓄水后，成为江中岛，因有著名的白帝城而闻名遐迩。

▲ 图4.45　白帝岛

第 **5** 章
山水相依造名城

　　如果把重庆之山比作充满阳刚之气的男人，把重庆之水比作柔情似水的女人，那么重庆就是男人挽着女人，女人依偎着男人，相依为命直到地老天荒。也就是说，山水相依，完美构建出这样一座历史悠久的宜居美丽之城。当你看到长江三峡，群山对峙，大河奔流，高山流水，湖光山色；当你看到重庆夜景，山水交融，漫天灯火，星星点点，这里无不彰显出山水巧妙搭配的辩证哲学光辉。

　　早在 200 余万年前，重庆的高山河谷中就活跃着能够直立行走的巫山猿人。是人是猿尚存争议，但可以肯定的是，山水相依造就的环境是中国乃至亚洲人类最早生存繁衍的理想场所，也从另一角度证明了重庆的山水是生命的乐园。进入人类文明时代之后，重庆山水更是为人类活动提供了宝贵的场所，从而让重庆这座城市的轮廓在山水之中逐渐清晰起来。中国古人常以山水代称自然，因为"山水"不仅指山和水，还包含了山水草木、风雨云雾、雪雾霜露、泉岚烟云等。所有这些具有文化、科学和美学价值的元素，积淀并孕育了山水文化，而重庆则是这种自然文化的最佳实证。时至今日，这座与山水有着不解之缘的大都市早已与山水难舍难分，成为最典型、最著名的山水之城。

5.1　城市山水格局

5.1.1　与国内外对比

　　说起山水格局，在世界范围内人们可能会首推瑞士。瑞士是一个名副其实的山水之国，有着高大的阿尔卑斯山和清澈的莱茵河、罗纳河等，山水相依造就了瑞士恍若仙境的美景，被誉为"世界公园"。在国内，也有不少以山水著称的城市，像拥有山水甲天下的桂林，时尚之都杭州，还有四川乐山和广东肇庆等，不胜枚举。这些国家和城市的面积均未达到重庆的一半，因此论城市山水规模，重庆堪称世界第一，山水城市这张名片无疑要授予重庆。无论是重庆主城区，还是大重庆都紧密地和山水融为一体，都拥有"城在山水间、山水在城中""有山有水、依山傍水、显山露水"的独特魅力，彰显了重庆这座城市的生命之美、生活之美、人文之美。除了规模外，重庆和上述国家城市的山水特点也各有不同。

仅就喀斯特（图5.1）而言，重庆山水与桂林乃至南方其他省份的喀斯特在发育特征上就存在差异。一般来说，喀斯特的发育分为四个阶段：

阶段1：石芽、溶蚀洼地、落水洞阶段。此阶段地表发育石芽或石林、落水洞或天坑等，形成独立的洞穴系统。

阶段2：洞穴、地下河阶段。此阶段独立洞穴系统逐渐合并为统一系统，出现地下河和干溶洞，干溶洞中长年累月形成石钟乳、石笋和石柱。

阶段3：溶蚀盆地、峰林阶段。此阶段地下河转为地面河。地面出现溶蚀盆地与峰林。

阶段4：孤峰阶段。此阶段溶蚀盆地逐渐接近准平原，残存孤峰。

▲ 图5.1 重庆喀斯特：武隆天生三桥

桂林山水处于阶段3和阶段4，而重庆山水则处于阶段1和阶段2。如果把喀斯特的发育比作人的生命历史，那么桂林喀斯特就处在中老年，而重庆喀斯特则属于青少年，二者在不同的年龄段焕发了各自的魅力。于是不由得感慨，老天这个艺术家在华夏大地上因地制宜，刻画出清秀的桂林和壮美的重庆。

除了差异外，重庆的山水让这座城市和很多国内外的城市有异曲同工之妙。例如，重庆处于长江与嘉陵江的交汇处，渝中半岛两江夹峙，三面临水，在这个半岛南北两侧，横跨长江和嘉陵江的大桥各有多座。曾经有文章深情描述："乘车跨越一座座大桥在两条大江的两岸穿梭，有时恍惚会觉得这有些像美国纽约的曼哈顿岛。"

另外，重庆周边的山和美国华盛顿西边的山很像。这种类型的山除了美国东部和中国重庆，世界其他地方很少见。2014年《中国国家地理》重庆专辑中，曾将华盛顿与重庆对比，但事实上，华盛顿距离其背后的阿巴拉契亚山脉至少有 40 千米，城市所处的地形地貌与重庆并不属于同一类型。因此，我们可以毫不犹豫地断言，重庆是世界上唯一生长在平行岭谷的大城市。

重庆的独特山水格局决定了重庆的城市形态不同于其他任何城市。重庆的城市形态为典型的多中心、组团式格局。由于重庆的城市空间受平行岭谷和长江水系自然条件等因素的影响，呈现出非聚集的分布方式，因此城市分成若干块不连续的城市用地，每块之间被农田、山地、河流、森林等分割。造成的结果是集中与分散的有机统一，每个区域可以形成一个较为独立的空间，相对完整的区域配套和生产、生活功能，让大部分人的日常活动都能在一个空间里完成。因此重庆在直辖之前就开启了多中心、组团式的发展布局，组团式的城市格局使重庆主城突破了最初的两江和地形的约束，不断地跨江越山去布局每个相对独立又有机联系的团块，形成了重庆今天这种特殊的城市格局。在演变过程中，经历了核心城区带动与圈层拓展阶段，到中心城区＋主城新区和渝东北三峡库区城镇群和渝东南武陵山区城镇群的一体化发展阶段，无不体现出组团式发展的特色。重庆成为世界上唯一组团式发展的城市。

5.1.2　特殊定位与规划

重庆独特的山水格局造就的地理位置让重庆在国家战略中有着巨大优势。

１）向上

按照国家长江经济带规划的战略内容，重庆被定义为超大城市，与北京、上海、天津和广州并列。重庆是中西部唯一直辖市，由此成为西部大开发的重要战略支点。同时也是国家"一带一路"倡议和长江经济带两大战略的连接点。

２）向南

为了绕开马六甲海峡的束缚风险，重庆成为西部陆海新通道通达东南亚国家的重要途经点。

３）向东

通过长江黄金水道出海，为丝绸之路经济带与中国 – 中南半岛经济走廊和长江经济带"Y"字形大通道的重要战略节点，是海上丝绸之路重要战略腹地。

４）向西

与成都共建成渝地区双城经济圈，推动川渝毗邻地区融合发展。

重庆的城市规划编制总体上从主城区的山、水、绿资源条件分析出发，厘清山系、水系、绿系脉络，将城市内的中山中水、小山小水纳入规划管控范围，使山、水、绿资源更好地融入城市，提升山水城市品质，让城市显山露水。明确生态体系与城市建设相互融合的规划管控措施，在规划设计与建设上尊重原始地形地貌。彰显"山城""江城""绿城"特色，建设山水交融、错落有致、富有立体感的美丽山水城市。彻底解决城市建设与山水特色保护之间的矛盾，规划与建设基本利用山水自然状态，让"山城起伏有致的山脊线、丰富变化的水际线，必将塑造、勾勒出'江山如此多娇'的壮美"。

5.2 独特的巴渝历史与文化

重庆的文化是山水塑造的，处处体现出山水的基因，这一点从数百万年前便是如此。这就是山水文化和巴渝文化。自古以来，中国人常用山水来比喻君子德行，而山水则成为塑造人性的环境。这种"山水之乐"的心理体验要经过大约三个阶段：第一阶段是感官愉悦的表层体验；第二阶段是心意情感的深层体验；第三阶段是生命活动的高峰体验。

5.2.1 巫山远古

巴渝山水似乎注定与人类活动有着不解之缘。经过数十年的考古工作，已经在巫山龙骨坡（图5.2）发现有"巫山人"的牙齿和下颌骨化石，同时发现巨猿以及其他上百种哺乳动物的化石，此外还发掘大量有清楚人工打击痕迹的石器。时间距今约204万年，一度被认为是中国境内迄今发现最早的能人化石，改写了中国最早发现人类化石的记录，对研究人类的起源以及三峡的发育史具有极为重要的科学价值。尽管由于化石材料的缺失，"巫山人"是人是猿尚有巨大的争议，但可以肯定的是，巫山地区与早期人类的演化有着不可分割的某种内在联系，不排除未来巫山成为未来破解巫山人身份之谜钥匙的可能性。无论如何，重庆的山水早在远古时期就是我们遥远祖先的青睐之地。

鬼斧神工之作——
　　"猿人头像"

▲ 图 5.2　巫山龙骨坡

如今巫山龙骨坡已然成为追寻人类远古历史的圣地，神奇的是在龙骨坡现场的一个山头上，岩石形成形状酷似一猿人脸庞，五官几乎清楚可见。此种天作巧合似乎寓意着龙骨坡注定与人类祖先有着不解之缘。

5.2.2　巴国盐泉

重庆有着亿万年的山水变迁历史和百万年的人类史，也有着3000年的文明史。这千年文明史与山水格局是密不可分的。重庆城市历史可以追溯到先秦巴国时期。我们常说巴渝文化，当中的"巴"指的就是巴国和巴人。为什么称为巴国？其实与盐巴有关。地质演化给重庆山水留下了丰富的盐资源。在渝东北地区大巴山山麓大宁河河边赋存有巫溪宝源山盐泉（图5.3），即本地有些名气的大宁盐场。宝源山则是中国已知最早的盐泉，距今已有5000年历史，至今仍有盐泉不断涌出。在深井采卤技术发明以前，三峡天然盐泉是内陆地区最早的食盐供给源。另外一处是渝东南彭水郁山镇伏牛山盐泉，在巴人立国之前就已经投入使用。大家都知道，在古代，盐是一种战略物资，因此重庆山水中的盐是国人的命脉所在，巴山渝水磨炼了巴人的坚韧勇敢和机智，所以巴人逐渐开始兴起。

◀ 图5.3
宝源山盐泉

5.2.3　巴国疆域

夏朝时巴图称为"巴方"，商朝时称为"巴甸"。巴山渝水造就了巴人的勇武性格。当巴甸不甘商朝压迫而参与周武王伐纣，巴人表现非凡。《华阳国志》记载，"巴师勇锐，歌舞以凌殷人，前徒倒戈。"这段话有力地证明了巴人为西周建立做出的重大贡献。西周初期，巴氏被封为子国，首领为姬姓宗族，子爵，因而叫巴子国，简称巴国。巴国疆域（图 5.4）大致位于今天的重庆山水之间，曾一度向外大范围扩展至汉水上游等地，而后战国初期迫于楚的势力，又回收至重庆。由此可见，重庆山水是巴国的根基所在，保证了巴国攻守自如。总之，可以说重庆山水中的盐巴成就了巴国。自此之后，巴人便在重庆山水中历经沧桑直到今天。

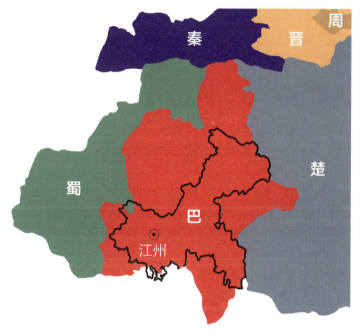

▲ 图 5.4　巴国疆域

5.2.4　西晋与唐朝时代

明朝舆地学家顾祖禹曾这样描述重庆："府会川蜀之众水，控瞿塘之上游，临驭蛮僰，地形险要。"可见重庆地处上游，为咽喉之地，对下游有着控制性的影响。西晋时期，名将王濬看出了巴郡的战略地位，他很好地治理了该城后，借助巴山渝水，修建了高大的楼船，最终顺流而下，一举灭掉了东吴，令华夏再次归为一统。由此留下了唐代大诗人刘禹锡的千古名句："王濬楼船下益州，金陵王气黯然收。"后来这一幕几乎又在唐初再次上演。公元 621 年，李唐王朝决策消灭位于长江中游的萧梁政权。九月，唐高祖下诏发巴蜀兵，以李孝恭与名将李靖为统帅，自重庆奉节（时称夔州）顺流东下进攻荆州。然而当月正当出师之际，秋汛忽起，长江三峡段水位大涨，给行军带来极大不利。李孝恭等诸将有所迟疑，而李靖坚持认为兵贵神速，江水大涨之时，对方也必然会放松戒备，应趁机迅速进兵。后来的战况证实了李靖的判断准确，唐 2 000 艘战船的水军大队顺流而下，势如破竹地冲过萧军防线，最终一举灭掉萧梁政权，将长江中下游湖广广大地区纳入唐朝版图。这次胜利要归功于李靖的"临机果，料敌明"，也离不开巴渝人的奋战精神和在山水之间的精心准备。

与重庆山水相关且更有名的则是杨贵妃吃荔枝的故事。目前比较流行的说法是杨贵妃所吃的荔枝最有可能来自涪州乐温县，即今重庆市涪陵区西部至长寿区一带，位于明月山南端东侧。当时气候比现在要更为温暖，川东平行岭谷内亦能产出荔枝。而涪陵距离长安交通距离最近，最能保证荔枝的新鲜，因此唐朝修建了荔枝道（图 5.5）。这条线路由涪陵出发向北延伸，抵达垫江后沿着明月山前行，然后穿过山间通道北上后，在四川省达州市借助渠江进入大巴山与米仓山相接之地，然后转入陕西镇巴县，此后经停西乡盆地，最终透过 "子午道" 穿越秦岭到达长安。

5.2.5　钓鱼城

南宋时期，横扫世界的蒙古铁骑偏偏在重庆折戟沉沙，钓鱼城（图 5.6）之战被誉为改变了世界历史进程。多年来人们一直在思考，为何小小的钓鱼城可以抵抗蒙古大军长达 36 年，直至宋朝灭亡，这与钓鱼城特殊的山水格局密不可分。钓鱼城位于重庆市合川区合阳镇嘉陵江南岸钓鱼山上，海拔 400 米，占地 2.5 平方千米，三面分别被渠江、涪江、嘉陵江环绕，呈长形半岛，四周陡壁危崖，易守难攻。从 1243 年起，名将余玠根据钓鱼城的地理位置将钓鱼城打造成为"山、水、地、城、军、民"六位一体的城池立体防御体系，可以"控山锁江"。山为钓鱼城提供了险要地势障，城墙高度可达 36 米，半岛制高点钓鱼山分为明显的两级台地，天然形成两级数十米高的悬崖，沿悬崖再修筑城墙，山与城融为一体，成为防御体系的核心支撑。钓鱼山周边稍矮的重要山头也修筑子堡垒，与核心阵地互为犄角，形成火力交叉。水又为钓鱼城提供了天然屏障。嘉陵江、渠江、涪江三江交汇形成的半岛地貌，使钓鱼城南、北、西三面环水，形成天然的护城河，同时在江中布置水师战船，这些都给不习水战的蒙古军带来了极大困难。唯一与陆地相连的东面，又有长约 2 千米，宽 20 余米的天然冲沟阻隔南北，让蒙古军

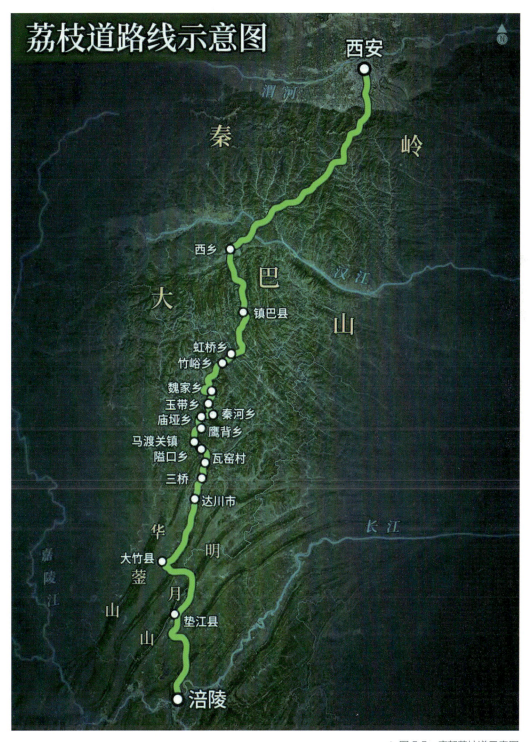

▲ 图 5.5　唐朝荔枝道示意图

无法集中优势兵力集团冲锋。此外，钓鱼城田地面积广阔，可以提供充足的粮草；水池与水井便于挖掘，可以提供水源，使整座城具备了长期坚守的基础。由此可见，重庆的山水为重庆人创造历史提供了条件。

　　纵观重庆大地，宋蒙（元）战争时期的防御不止钓鱼城，而是一个庞大的以重庆城为中枢的"山城防御体系"。当时南宋军队采取依山制奇、据险而守的方略，修筑了包括合川钓鱼城、奉节白帝城、涪陵龟陵城、云阳磐石城、万州天生城在内的 80 余座城池。城中有林木田池可供长期驻守，且各城相互呼应，构成一个庞大的防御体系，其精髓在于守在于耕在于野，军政机关都集结于山顶，众多山城星罗棋布，依据山川湖泊形成交叉树状的防御纵深，让蒙古骑兵来去如风的优势无从发挥。除了钓鱼城外，龟陵城也创造了奇迹。1280 年，南宋已经灭亡，该城依旧未被征服，这都得要归功于重庆山水相互依存形成的格局。

5.2.6　大夏国

　　元朝末年，群雄并起，在四川盆地出现了一个政权——大夏国（图 5.7），为农民起义领袖明玉珍所创建，定都重庆。当时明玉珍选择避实击虚的策略，经过深思熟虑选择重庆为根据地，

▲ 图 5.7　大夏国

正是看中了重庆的山水天险。首先，重庆位于大夏国版图中央，而成都则大多偏西。其次，大夏国据巴蜀山川之险，扼守长江水道，只需派重兵守住夔门，即今天的瞿塘峡，便可阻挡当时最大军阀陈友谅的进攻，保证自身国家安全。另外，定都重庆，可以利用长江之便保证交通运输，发展经商贸易，因为在古代水运是交通运输最为重要的形式，即便在今天很多方面水路运输成本也比陆路小。正是这样的山水环境下，明玉珍将大夏国治理得有声有色。重庆山水成为国家兴盛的保证。

5.2.7　战时首都时代

重庆这种山水造就的地理优势在数百年后的抗战时期再一次走上了历史舞台。抗战期间，国民政府经过通盘考虑，最终迁都重庆。这是中国近代史上第一次也是最大规模的一次政府首脑机关和国家都城自东向西的大迁徙，重庆一跃而成为中国的战时中心。重庆成为战时首都绝非偶然，这与重庆得天独厚的山水环境密不可分。从战略位置上看，重庆东有长江三峡和大巴山作天然屏障，日军地面机械化部队无法进入，海军也无法上溯三峡，同时也更容易通过长江黄金水道与江汉平原等地进行联系，将影响力辐射至未沦陷区。同时重庆地处山地，能够弥补中国制空权上的缺失。抗战期间，日军曾出动大批飞机对重庆实施长时间、战略性的大轰炸，每到这时市内一切活动就陷于停顿。每年10月至翌年4月的雾季，弥漫的浓雾会给山城罩上一层天然的防空网，使日机的空袭无法肆虐。每到这时，是重庆城里最热闹的时候，文艺界也会举行大规模的盛大演出，史称"雾季公演"。重庆有得天独厚的长江与嘉陵江环绕的位置优势，可以把整个四川盆地兵源、战争物资、军备，通过水道向重庆快速集中，这在当时极度依赖人力运输的条件下是至关重要的。此外，重庆钓鱼城曾经重挫蒙古军，击毙蒙哥汗，因此在精神层面上，重庆作为战时首都可以起到鼓舞抗日斗志的作用。经过艰苦卓绝的斗争，迎来了抗战的伟大胜利，山城重庆也锻造出了一种独特的文化形式——抗战文化。经过千百年的沧桑、苦难与磨炼，如今重庆山水已经诞生出闻名世界的独特文化，其中包含很多为人们所津津乐道的文化元素。

5.2.8　"雾都"与"火炉"

对于国内大众而言，"雾都"与"火炉"是重庆的重要特征。重庆的雾，以前更是大名鼎鼎。气象数据显示，重庆年平均雾日为104天，算下来不到四天就有一天能够见到雾，高于全球其他城市。重庆一年四季都有雾，但是主要集中在深秋到初春。重庆的雾，主要是由于地貌影响而带来的辐射雾，不同于北方的雾霾。重庆位于平行岭谷中，因狭长而不开阔地形的影响，白天地面气温高，蒸发作用比较强，导致城市空气中容纳了较多的水汽。而夜里，风速微弱，谷地保温保湿作用显著，在城市的上空常常出现逆温层，限制了空气的垂直运动，不利于热量、水汽扩散，有利于辐射雾的形成。夜间辐射降温幅度大，地面很快就冷却，贴近地面的气层也随之降温，当空气温度下降到使之相对湿度达到或接近 100% 时，空气中所含水汽凝结形成雾。再加上市区排放出的烟尘废气等，为雾的形成提供了丰富的凝结核。

与周边和同样处于长江流域的其他城市相比，无论是冬季还是夏季，重庆的气温总会比它们高出几度，尤其是在夏天，重庆的"火热"全国出名。究其原因，重庆地处盆地底部，平行岭谷和长江等穿城而过的地理环境是最大"元凶"。从太平洋吹来东南季风和印度洋吹来的西南季风受到盆地四周高大山体和华蓥山、明月山等平行山岭的重重阻挡，难以给盆地内部的重庆送来清凉。即使有机会进入，当他们从四面高大的山体往下沉入盆地时，不断吸收周围热量导致水汽蒸发而气流温度上升，形成干热的焚风，加剧了重庆天气的炎热程度。通常情况下，地势越低大气层越厚，海拔越高空气越稀薄。重庆主城所在的平行谷地地势低，导致空气密度较高，夏天稠密的大气对白天入射来的太阳辐射削弱不大，夜晚厚厚的云层又阻止大量地面热量向空中辐射冷却，再加上谷地空气流通不畅，多静风天气，从而使得地面难于散热。同时，在夏日阳光的强烈照射下，河流湖泊水分蒸发很快，使空气湿度增大，增加了人类体感温度，导致重庆夏天容易出现高温天气，也是重庆火热城市性格不可或缺的一部分。

当然，随着工业结构的巨大调整，产业结构的不断优化以及环境保护的加强，全市自然生态环境持续优化，空气质量不断好转，重庆的雾也少了很多。从 2004 年开始，"火炉""雾都"等称谓被官方正式弃用，成为历史，而反映重庆山水和城市形象的"山城"得到沿用，"江城""桥都"开始走上历史舞台。

5.2.9　8D 魔幻

从重庆主城和长江沿线多个城市有据可考的建设历史来看，重庆的城市建设始终是依山而建、与水相依。虽然受制于地形地势，但却形成了山水相融、独具个性的 8D 魔幻城市景观风貌（图 5.8），长江索道（图 5.9）、轻轨穿楼（图 5.10）等都成为魔幻的代名词。总体而言，与其他城市相比，重庆的城市空间感非常强，充满着城市立体美学。

▲ 图 5.8　8D 魔幻重庆

▲ 图 5.9　长江索道

▲ 图 5.10　李子坝轻轨 2 号线穿楼而过

　　长江与嘉陵江时而切穿高山，时而顺山势而流。在这种山水环境中，重庆人巧用地理，建设出独树一帜的吊脚楼。吊脚楼多依山靠河就势而建，呈虎坐形，以"左青龙，右白虎，前朱雀，后玄武"为最佳屋场，后讲究朝向，或坐西向东，或坐东向西。依山的吊脚楼，在平地上用木柱撑起分上下两层，节约土地，造价低廉。上层通风、干燥、防潮，是居室；下层关牲口或用来堆放杂物，方便实用。吊脚楼常常顺山势层叠而上，融入山色，形成非常壮观的景象。"名城危踞层岩上，鹰瞵鹗视雄三巴。"晚清名臣张之洞用这两句诗来形容重庆依山沿江而建的吊脚楼建筑的绰约风姿。古人留下的描述重庆山水景观的类似诗句还有很多，如，"片叶浮沉巴子国，双江襟带浮图关"，王尔鉴的"城南山万叠，城北水双流"，何明礼的"江流自古书巴字，山色今朝画巨然"。长江与嘉陵江交汇，衬托出一个三面环水的美丽半岛。

重庆本地人与熟悉重庆的人都知道"巴渝十二景",这十二景基本都涉及山水,正是有这样的山水环境和地理条件,才造就了这独一无二的充满重庆特色的景观。此外,还有很多国内外著名的景观,例如"建筑奇葩"石宝寨、"巴渝建筑活化石"龚滩古镇、中西合璧松籁阁、"海棠香国"大足石刻、"改变世界历史进程"的钓鱼城、"刘备托孤"的白帝城等。这正应了那句重庆俚语,"山是一座城,城是一座山"。其实更为恰当的说法应当是城市融入山水中,山水已为城市容。

5.2.10 夜景

重庆夜景(图5.11)也称山城夜景。重庆主城区三面临江,一面靠山,一到夜晚,就会以繁华区灯饰群为中心,以干道和桥梁华灯为纽带,形成奇丽夜景,又似不夜之天。

山城夜景的特色,一是得益于地势起伏。倚山建筑层叠耸起,道路盘旋而上,每当夜色降临,万家灯火高低辉映、错落有致、远近互衬,犹如花灯海洋,更如漫天星汉,极为瑰丽。二是得益于两江环抱,众桥相邻。两江沿岸,满天繁星似人间灯火,遍地华灯若天河群星,上下五彩交相辉映,如梦如幻,如诗如歌。江中彩船行进,波澄银树,浪卷金花,流光溢彩。桥面与城中车辆宛如游龙,构成一片车船流光,不停穿梭于茫茫灯海之中,时有鸣笛,平添无限生机。

山城夜景,清朝时得名"字水宵灯"。因重庆母城渝中区是昔日巴国首府,而长江、嘉陵江蜿蜒交汇于此,形似古篆书"巴"字,故有"字水"之称。"宵灯"更映"字水",有此雅号。如今在南岸慈云寺下江边的岩石上,仍刻有"字水"两个大字,高3.5米,各宽2米多,是清代书法家徐昌绪所书,由名匠崔兴发凿刻。

清乾隆时期,时任巴县知县王尔鉴在重庆老城的制高点小梁子(今人民公园附近)观赏夜景后,欣然写道:"高下渝州屋,参差傍石城。谁将万家炬,倒射一江明。浪卷光难掩,云流影自清。领看无尽意,天水共晶莹。"

从古至今,字水宵灯的内容不断丰富,而不变的是夜晚万家灯火,层见叠出,与江面波光相辉映,与星月交辉。

▲ 图 5.11　重庆夜景

5.2.11　美女

重庆以盛产美女闻名全国。原因很简单，正如民谚所说"一方水土养一方人"，重庆的山水造就了产生美女的优良环境。首先，众多江河环绕高山制造了雾气朦胧的环境，城市几乎全年空气湿度大，其中飘荡的轻妙雾珠作为天然的补水霜可以很好地滋补人们的皮肤。同时紫外线较弱，对皮肤伤害较小，因而造就了重庆美女白嫩的肤色。其次，重庆地处山城，地势高低起伏，形成遍布城市的坡坡坎坎，在这种环境中成长起来的重庆女生始终处于锻炼之中，不但很好地拉伸了腿部的肌肉，身材也不易发福，塑造了重庆美女修长的身材。再次，在重庆这种潮湿环境中，必须常吃麻辣食物，例如火锅等，可以排毒养颜。加之每逢夏季，湿热的高温，流汗加快了人体的新陈代谢，和桑拿有着异曲同工之效。再加上重庆是有名的"温泉之都"，在家门口就能够享受到"温泉水滑洗凝脂"。最后，还有一个重要原因是融合。重庆是移民大省，历史上各省移民与重庆原住民之间不停地交融，客观上促进了人们的融合。遗传学告诉我们，来自不同血缘的优势基因可相互交换和融合，在个体进行基因配对中得到优势互补，从而后代在体格、外貌和智商上都体现出优异之处。当然，重庆美女不光是拥有美丽的外表，更拥有豪爽的性格。重庆自古就是水陆交通要塞，养成了重庆女生爱憎分明、活泼动人的性格特征。有了自然天成的美女基因，有了婀娜多姿的身材，有了吹弹可破的皮肤，有了落落大方的性格，一个个由内到外都散发着美丽气质的重庆美女就站在我们眼前。

5.2.12　火锅

火锅如今已经成为重庆最重要的文化名片之一，重庆火锅（图 5.12）也成为国内火锅的最大品牌之一。火锅的产生尚有多种说法，但可以肯定的是重庆的山水之地必然是火锅兴盛之地。重庆江河环绕群山，形成盆地环境，除上述排汗因素外，冬季山寒江冷，寒风凛冽，霜寒露重，长期生活在江边的渔夫和纤夫为抵御寒冷便到街边花少许钱购买牛羊下水，在一种麻辣鲜香的卤汁中自烫自食，吃饭时通常三五成群地围坐，这就是最早形式的火锅，俗称"水八块"。如今重庆人的生活水平富足，但吃火锅依然是饮食中不可或缺的选项。正是山水造就了火锅的出世，也正是山水让火锅一直在重庆长盛不衰。

▲ 图 5.12　重庆火锅

5.2.13　诗歌

古往今来，山水一直是诗歌题材中的重要元素，山水诗也是我国古代诗歌长河中最具特色的一大支流。山水容易使人产生诗意，抒发情怀。登山则情满于山，观水则意溢于水。山水承载着古人与今人的情思，因此常有诗歌写山水以寄情，赏山水诗以品情，借以表达对现实的看法，对宁静生活的向往和自己遗世独立的高尚情怀。重庆的山水则是其中的典型代表。境内的青山绿水容易使人陶醉，不由得让人萌生创作灵感，尤其是壮美三峡，更成为古往今来诗歌的集中产出之地。重庆奉节是全国唯一享有"中华诗城"称号的城市。中国古代很多伟大的诗人，如陈子昂、王维、李白、杜甫、孟郊、白居易、刘禹锡、李贺、苏轼、苏辙、王十朋、范成大、陆游、杨慎、沈庆、王士祯、张问陶等，先后在重庆山水中留下了诸多名篇。奉节出版的 6 卷 9 集《夔州诗全集》，收录了历代 742 位诗人共计 4 464 首作品。特别是"诗圣"杜甫，在流寓奉节的两年多时间里，写诗 435 首，占其所编杜诗 1 439 首的近 1/3。刘禹锡在夔门，于巴渝民歌的基础上开"竹枝词"新风。旧时甚至有"经夔无诗，枉称诗人"之说。可以肯定，上述数千首诗歌必定是不完全统计，足见此地诗歌之底蕴。除奉节外，重庆其他地区的诗歌也不乏佳作。

　　歌咏重庆山水城市的诗句信手拈来。王维《晓行巴峡》："水国舟中市，山桥树杪行。登高万井出，眺迥二流明。"周敦颐《大林寺》："路盘层顶上，人在半空行。"吴皋《重庆》："一片石头二水环，天塘城阙破愁颜。"刘道开《五福官》："山从城内起，殿倚堞边开。万井须眉列，双流衣带回。"张安弦《天生重庆之谣拟诗》："山作城墙岩作柱，水为锁钥峡为关。"朱樟《渝州晚望》："高城遥望彩云间，粉堞参差护市圜。带火帆樯斜背郭，上灯楼阁半衔山。"龙为霖《月下登澄鉴亭观渝城夜景》："一亭明月双江影，半槛疏光万户灯。"王尔鉴《字水宵灯·小记》："渝城凿崖为城，沿江为池，重屋垒居。每夜万家灯火齐明，层见叠出，高下各不相掩。光灼灼然俯射江波，与星月交灿。"姜会照《字水宵灯》："万家灯射一江连，巴字光流不夜天。"

▲ 图5.13　诗城奉节

5.2.14　温泉

　　上文所述，亿万年山水演化赐予了重庆星罗棋布的温泉，而重庆人则很好地享用了这一资源。重庆人开发利用温泉的历史悠久，南朝刘宋景平元年（423年），就在北碚建造了温泉寺，开发北温泉。明万历年间，民间开发利用南温泉。此后至民国，北温泉、南温泉、西温泉等已经闻名遐迩。20世纪90年代，统景温泉（图5.14）和东温泉建成。2002年底，海棠晓月温泉

▲ 图 5.14　统景温泉

建成，开启了钻井温泉时代。时至今日，重庆温泉已经遍布山水之间。在重庆 8.24 万平方千米的土地上，已探明有 1 万平方千米的区域分布有温泉，类型丰富、水质优良，遍布重庆各个区县。其中有江畔温泉、湖景温泉、岛上温泉、山中温泉、森林温泉、悬崖温泉等。目前，重庆已有温泉 154 处，日产水量超过 30 万立方米，其中主城九区范围内有温泉 124 个，形成了重庆老四大名泉（即东温泉、南温泉、西温泉和北温泉），新四大名泉（即天赐温泉、统景温泉、融汇温泉和海棠晓月温泉）等一系列以温泉为主题的旅游景区，造福于民。温泉之中北温泉是中国乃至世界上开发利用最早、至今仍在使用的温泉之一。此外还有亚洲一绝的坡地温泉和正准备申请世界自然遗产的热洞温泉。重庆山中产出的温泉不但数量多，而且水质好，富含偏硅酸、偏硼酸的氟、锶医疗热矿水成分，属硫酸钙泉质，对皮肤、神经系统、运动系统等疾病具有较好的辅助疗效，极具医疗、保健及美容价值。目前，重庆这种得天独厚的温泉资源已经形成"五方十泉""一圈百泉""两翼多泉"的温泉旅游格局，让大众可以享受重庆山水带来的独特健康福利。

5.2.15 桥都

重庆城市依山傍水，这种格局的确给交通带来很多不便，但可以通过架设桥梁来解决，因此也造就了重庆"桥梁之都"的名头。截至目前，重庆桥梁总数超过1.3万座，是全球唯一一座"万桥之都"（图5.15）。没有桥梁以前，重庆主城民众基本都倾向于到重庆母城渝中区"过江消费"。在那时的记忆中，江北区只是重庆近郊的一个菜园子。嘉陵江上渝澳大桥、嘉华大桥、朝天门长江大桥、千厮门嘉陵江大桥等相继落成，不仅改变了渝中、江北两地的交通格局，也开启了城市发展的新时代，重庆是山水之城，不得不说，重庆的"万桥之都"给当地人民带来了交通便利。

5.2.16 化石

化石是远古生命留在岩层中的遗体和遗迹。亿万年的生命演化在重庆山水中留下了各种类型的化石资源，其数量极为丰富。其中在秀山发现的全球最早的志留纪有颌脊椎动物，在酉阳发现的规模极大的寒武纪叠层石，在万州发现的著名的盐井沟哺乳动物群，开创了中国古生物之先河。最有代表性的莫过于恐龙化石，在大多数区县都发现了恐龙化石，代表有东方巨龙——合川马门溪龙、侏罗纪霸主——永川龙、重庆龙等。近些年在云阳普安和黔江正阳发现了世界级恐龙动物群，重庆因此被誉为一座建立在恐龙脊背上的城市。此外，人们熟悉的典型化石如三叶虫、角石、腕足类、珊瑚类、蕨类植物和硅化木等都有大量出露，化石类型几乎没有空白。这些化石有力地证明了重庆山水在远古时期就为生命构建了一片宜居的家园，让各种生命得以生活繁衍，构建出一个个完整的绿色生态系统。

5.2.17 地名制造

重庆是山水城市，因此很多地名都与山水有着直接关系。其中很多大小地名或源于山，或源于大小江河，形成了一大特色。很多地名中都带有与"山""水"有关的字。与山有关的有坝、坪、坡、垭、坎、磅、岩、石、坑、洞、岗、梁、盖等，与水有关的有溪、沟、沱、浩、池等。这些都直接来源于各种地形地貌和河流情况，形成了独具山水特色的重庆地名。另外，重庆辖区内38个区县的名称来源也离不开山水。

重庆各区各县各地的由来：

渝中区——渝州之中心。重庆简称"渝"，渝中区以位于重庆市主城区中部而得名。

▲ 图 5.15　重庆桥都

大渡口区——长江边的义渡。清末巴县一士绅在长江以北设义渡，该渡口为沿江数十渡口之首，大渡口由此而得名。

江北区——长江和嘉陵江之北。因位于长江、嘉陵江北岸而得名。

沙坪坝区——长江边的多沙平坝。沙坪坝原为嘉陵江边一块面积不大的平坝，因坝上多江沙，故曰沙坪坝。

九龙坡区——传说中的九龙滩。该地早在明代就有地名九龙滩，抗战时先后建成九龙铺码头、九龙铺机场和九龙铺镇。

渝北区——渝州城北称渝北。因位于重庆城区北部而得名。

南岸区——长江之南岸。因位于长江南岸而得名。

北碚区——伸入江中的巨石。北碚临近嘉陵江，有巨石伸入江中，古人称此现象为"碚"，又因在渝州重庆之北，故称北碚。

巴南区——原巴县长江以南部分。1995 年，重庆市调整原巴县长江以南乡镇及九龙坡区部分街镇共同组成新的巴南区，因其主要辖地为原巴县长江以南部分而得名。

万州区——"万川毕汇""万商毕集"。万州以"万川毕汇""万商毕集"而得名，最早出现于唐贞观八年（634 年）。

涪陵区——涪水两畔多王陵。乌江自涪陵汇入长江，因古时乌江又称涪水，古巴国帝王陵墓多葬于此，故称涪陵。

黔江区——黔中乌江古黔江。黔江古属黔中郡，乌江发源于郡，古称黔江，区名得名于此。

长寿区——长寿山下长寿县。明初以县北有长寿山，居其下者多长寿老人，因此得名。

江津区——长江之要津。隋开皇二年（582 年），改江阳为江津，因地处长江要津（"津"即码头、港口的意思）而得名。

合川区——三川汇合称合川。因嘉陵江、涪江、渠江三川在此汇合而得名。

永川区——"永"字三川称永川。唐大历十一年（776 年）置县时，有三条河汇流于县城附近，形如篆文"永"字，故取名"永川"。

南川区——南江别名称南川。今綦江河古称南江，其上游一支源于今南川境内，其源头之地遂被命名为南川。

綦江区——夜郎溪水如苍帛，因境内有源于贵州的綦江而得名。綦江古称夜郎溪，江水色如苍帛，故名綦江（因"綦"字有苍青色之意）。

大足区——大丰大足大足川，得名于大足川，即今天的濑溪河，因沿河两岸土地肥沃，物产丰富，民生繁荣，大丰大足，故得其名。

铜梁区——铜梁，铜色石梁作县名。唐代以县城东的铜梁山命名为铜梁县。传说铜梁山其石梁横亘，形如五屏，每当阳光照射，石梁呈古铜色，故名铜梁。

璧山区——璧山，重璧山下璧山县，唐代以境内的璧山得名，即今茅莱山，亦名重璧山。清雍正时，因该山出产一种明润如玉的白石，故改"壁山"为"璧山"。

潼南区——潼川府南潼南县。民国三年（1914年），因地处清代潼川府（四川省三台县）之南而由东安县更名为潼南县。

垫江县——袈江一误成垫江。秦至南朝刘宋时，垫江县治在今合川合阳，恰为嘉陵江、渠江、涪江汇合之地，水如衣之重复，故曰袈江，《汉书》将"袈"写成"垫"，后世就沿袭为垫江。

武隆区——武龙山下武隆区。唐时称武龙县，以境内武龙山为名。明初因与广西武龙县同名，遂改"龙"为"隆"，同时寓兴隆、兴旺发达之意。

奉节县——奉节古称鱼复。唐贞观时为旌表三国蜀丞相诸葛亮，奉昭烈帝刘备托孤寄命，"临大节而不可夺"，故改名为奉节。

开州区——开江之畔称开县。因境内南河古称开江，故古称开州。明初降州为县，开县之名一直沿袭，2016年成立开州区。

梁平县——梁山县里大平坝。原称梁山县，以境内高梁山为名。1952年，因县名与山东省梁山县同名，遂以境内有渝东第一大平坝而更名为梁平县，现为梁平区。

巫山县——巫咸之山称巫山。传说中上古时帝尧的医师巫咸死后被封在这里，因此山称巫山，县以山为名遂称巫山县。

巫溪县——巫山之下巫溪水。巫溪县原为大宁县，民国三年（1914年）因与山西大宁县重名而改为巫溪县。县名来源于县境内之大宁河，大宁河也称巫溪水，故改县名为巫溪。

云阳县——云安之南称云阳。因处于古云安盐场之南和五峰山南麓，古时山南为阳，故名云阳。

荣昌区——古称昌州，有"海棠香国"之称。南宋地理学家王象之在《舆地纪胜》里的《静南志》中提到：昌居万山间，地独宜海棠，邦人以其有香，颇敬重之，号海棠香国。唐乾元二年（759年）始建昌元县，并成为昌州府州治所在地；明洪武七年（1374年），取昌州和荣州首字更名为荣昌。

城口县——城口山下似城口。今城口地区于清道光二年（1822 年）置城口厅，因城口山为名。一说因该地为陕西、湖北入川门户，形如城口，故得此名。民国二年（1913 年）改设城口县。

忠县——忠心可鉴巴蔓子。忠县之名始于唐代所置之忠州，至民国二年（1913 年）改忠州为忠县至今。县名得名于忠心耿耿的巴蔓子将军。

彭水县——"彭彭"水声作县名。《彭水县志》记载，彭为鼓声，当时流经境内之乌江峡水澎湃发出"彭彭"似鼓之声，故名彭水县。

石柱县——石潼、硅蒲，故名石柱。石柱最初以石潼关、硅蒲关二名首字而得名。

丰都县——平都山下丰民州。丰都县名，源于隋朝改名时，当时其治所位于平都山下的丰民州，故取丰民州的"丰"和平都山的"都"命名为丰都县。

秀山县——高秀山下秀山县。秀山置县始于乾隆元年（1736 年），以县西 180 里的高秀山为名。

酉阳县——酉水之北称酉阳。汉高祖时在此置酉阳县，当时在今湖南永顺县南猛洞河与酉水河交汇处之王村，因位于酉水北岸而得名。

5.2.18　山水塑造巴人

重庆 3 000 年巴国文明和灿烂文化始源于巴人，而巴人造就于山水。根据地理环境因素论，地理环境是影响一个地区居民的性格、风俗、道德、精神面貌以及体质、智力的重要因素。土地贫瘠，可以使人勤奋、俭朴、耐劳、勇敢，也可以使人粗野、冲动。有些地理环境可以使人产生体质或智力缺陷。土地膏腴，生活宽裕，可以使人柔弱、怠惰、贪生怕死，也可以使人悠闲、沉稳、文雅。巴人都生活在较为贫瘠的山区与河边，自然环境条件较为艰苦。而巴人繁盛于巴国、植根于巴地，在民族繁衍、发祥的历史进程中，形成了一部有血有肉、不屈不挠、生生不息的文化史，也铸就了自己的文化之魂。巴在高堂，渝在生活，两江四岸组成的山水生活，千年沉淀的人文精神，是重庆目前对外最大的号召力。

俯瞰重庆山水相依的宏观格局，纵观 3 000 年波澜壮阔的巴渝文明史，重庆的千山万水孕育出一座历史文化名城。这种城市有着丰富多样的地域文化，包括巴文化、三峡文化、码头袍哥文化、移民文化、陪都文化、饮食与火锅文化等。巴渝文化的历史积淀也赋予了这座城市独特的文明历史，其中孕育了丰富的物质文明，例如著名的制盐、丹砂、冶炼、制漆、酿酒、制酱、种稻、纺织等；更有灿烂的精神文明：武王伐纣的"巴渝舞"；"属而和者数千人"的"下里巴人"歌舞；普及到全国的"竹枝词"；錞于、铜钲、编钟等乐器；200 多个巴族象形文字。文明历史也赋予了重庆人身上显著的气质，有依山建筑、高空拓展的灵活创造；仁者乐山、智者乐水的精神气质；高瞻远瞩、海纳百川的胸襟气量；铮铮铁骨、勇于攀登的坚韧顽强。用精神来概括就是吃苦耐劳、积极进取的创业精神；开发地利、发展工商的创新精神；尚武勇锐、赤胆忠心的爱国精神；能歌善舞、乐观豪爽的粗犷雄风；彪炳千秋的红岩精神；民主政治觉悟和革命的斗争精神；兼容并包的开放精神。

正是在这些精神的感召之下，重庆山清水秀，名人辈出。巴蔓子"存城刎颈"，严颜"我州但有断头将军，无有投降将军"；东吴大将甘宁、任西陵太守，屡建奇功，封折冲将军；巴县人董和、董允辅佐蜀汉称"四相四英"；黔江人范长生助粮饷支持李雄攻占成都，建立成汉国，官拜丞相，轻徭薄赋，兴办文教，史称"治才"；南宋抗金国、抗蒙古旋风巴县人冯时行中状元，支持岳飞抗金，被秦桧革职，直到秦死才复官，治蓬、黎、彭三州，深得民望；重庆人赵立上疏忏贾似道，入川促勤王，至皆沦陷，跳江溺水殉国；明清时期巫溪青文胜任龙阳典史，为灾民上京请愿击登闻鼓自缢而死，诏免该县每年 4 万石，立祠；女将秦良玉二十四史第一。近现代时期邹容《革命军》吹响了推翻帝制，建立中华共和国的民主革命号角，最早响应辛亥革命；开国元帅刘伯承、聂荣臻；革命领袖赵世炎、彭咏梧、江竹筠等革命烈士；合川卢作孚创民生实业公司，继建天府煤矿和三峡织布厂，竞争挤垮了英、日轮船公司，抗战时冒大轰炸从宜昌抢运物资到重庆；革命军中马前卒邹容创作《革命军》，成为民主革命的"雷霆之声"。

被崇山峻岭层层围绕的重庆，山高水远，相对隔绝，是躲避战乱、逃避饥荒的首选之地。历史上曾经有多次迁移入境的活动。元末明初和明末清初，四川经过战乱，导致人口急剧减少。因此从中央到地方各级官府采取了一系列措施吸引外地移民，其中以湖广行省人口最多。最有名的就是延续了两三百年的湖广填四川。20 世纪国民政府迁都重庆的战时首都时期以及新中国成立后的三线建设时期，又陆续来自五湖四海的大量外地精英进入重庆。无论何时入渝的居民都会受到山水性格的感染，久而久之就融入山水环境里，逐渐适应了山水中的生活，最终也成为巴人，重庆人。

近期重庆人的精神又一次感动了中国，影响了世界对中国的看法。进入 2022 年 8 月，重庆多个地方遭遇了自 1961 年以来的极端高温天气，就连素有重庆后花园之称的北碚居然都成了全国最热的地方，气温高达 45 ℃。持续的酷热造成多个区县山中自燃，尤其在北碚缙云山，逐渐形成了烟雾漫天的大规模山火，从支脉虎头山一直烧到了主脉。眼看饱经历史沧桑的风景名山遭遇浩劫，重庆人爆发出感天动地的能量。北碚当地以及来自其他区县的群众自发组成志愿大军，为本地和来自云南的消防队伍提供坚实的后勤保障，很多年轻人组成了骑士团，山上山下繁忙穿梭，为消防官兵提供所需物资。很多人自发入山与灭火大军共同构建了一条钢铁防火长城，沿着缙云山蜿蜒伸展，与一线山火共同组成了一个巨大的"人"字，成为夜空下一幅旷世奇观。灭火成功后，北碚人民夹道热情欢送返程消防官兵的场景成为中外新闻媒体的重点画面。重庆人此次成功扑灭山火展示出的"人民战争"的伟大精神和力量，赢得了全国人民的崇敬和点赞，又一次让重庆震撼了世界。

5.2.19　城市发展与山水境界

"看山是山，看山不是山，看山还是山。"这句话出自宋代禅宗大师青原行思的《三重境界》。原指参禅的三重境界是："参禅之初，看山是山，看水是水；禅有悟时，看山不是山，看水不是水；禅中彻悟，看山仍然是山，看水仍然是水。"这句话常常用来形容人生的三重境界，与王国维的人生三境界相对应："'昨夜西风凋碧树。独上高楼，望尽天涯路。'此第一境界也。'衣带渐宽终不悔，为伊消得人憔悴。'此第二境界也。'众里寻他千百度，回头蓦见，那人正在灯火阑珊处。'此第三境界也。"

重庆城市的发展历史似乎也经历了这三重境界。

原始社会和农业社会阶段，生活在山中水边的巴人靠山吃山，靠水吃水。这个时期人们看山水就是自然环境，即青山绿水就是山水。

工业社会阶段，这时候人们已经不再把山水作为青山绿水，而是视为可以利用的资源。大规模的索取满足城市发展和生活所需，造成了一定程度的破坏，例如铜锣山矿坑和多个地方景区的建设等。

如今重庆正在践行"绿水青山就是金山银山"的时代理念。重庆人正在重新塑造山水城市。当下的工作重点是结合重庆因山水而建、因山水而兴、江河环抱、地势起伏的鲜明特色，坚持生态优先、绿色发展，把重庆建成山清水秀的美丽之地。生态修复工作有条不紊地推进。其中比较有代表性的实例是对矿山的治理。例如，渝北铜锣山中分布采集灰岩后留下的矿坑，这些矿山曾经为国民经济发展做出重大贡献，但也在山体中留下了40余个矿坑，类似山体的"伤疤"。修复这些伤疤的妙方就是建设矿山公园。结合矿山景观分布与矿坑水体空间特征，巧妙融入地学元素，科学规划出不同园区，将矿坑奇景与旅游开发完美结合，把原本废弃的矿山建设成为一个集科普教育、地质探险、休闲度假于一体的地学旅游高地，不仅让铜锣山再现青山绿水本色，而且焕发出勃勃生机。总之，如今的重庆早已将山水有机融入城市的建设与发展中，随着生态的不断修复，人与自然和谐共处不断加深，未来必将是一座山清水秀、健康文明的国际化大都市，达到中国古人伟大哲学精神"天人合一"的至高境界！

重庆山水是中国山水大环境的独特一景，值得人们漫步户外。中国人自古就有畅游山水，了解地理风土人情，践行知行合一的传统。例如，明代就出了徐霞客这样杰出的"游士"，一生游遍南方山水，纠正了前人长江起源的错误认识，提出了自己对喀斯特的看法等。他将"人"纳入景观宇宙之中，在生存危机中关注对自身生活方式的调节，以更适合自然环境，最终把科学做"活"，把旅行做"悟"，达到了大自然与人类社会协调发展的至高境界。因此，我们呼吁大家在闲暇时间走到重庆的山水之中，去感觉这个城市的独特魅力，不求人人皆当徐霞客，但可处处感悟山水情。正如徐霞客所说，"得趣故在山水中，岂必刻迹而求乎"。

重庆的未来一定是：城市融入大自然，居民望得见山、看得见水、记得住乡愁！

行千里，致广大，山青秀，水碧蓝！望山水，感壮丽！

重庆的山水之最

世界上最大的山水城市

世界上唯一建在平行岭谷的城市

世界上桥梁最多的城市

奉节龙桥暗河——世界上最长的地下暗河

云阳登云梯——世界上最长的梯道

轨道3号线——世界上最长的跨座单轨交通路线

蚩尤九黎城——世界上最大的吊脚楼

火锅博物馆——世界上最大的火锅

大足石刻——世界上最大规模的摩崖石刻

奥陶纪"天空悬廊"——最长悬挑空中玻璃走廊

金佛山古佛洞——世界上海拔最高的喀斯特溶洞

奉节天坑地缝——世界上最长的地缝

武隆天生三桥——全球最高、最大的喀斯特天生桥群

长江三峡——全球唯一可坐大型邮轮游览的大峡谷

朝天门长江大桥——世界第一拱桥，主跨为世界上跨径最大的拱桥

巫山长江大桥——在建设中创造了当时桥梁建设的 5 项世界第一：组合跨径、每节段绳索吊装重量、吊塔距离、拱圈管道直径和吊装高度。该桥已被列为世界百座名桥

小寨天坑——世界上最大的天坑

丰都鬼城——世界第一的鬼王石刻，中国规模最大、数量最多的汉墓群

重庆长江大桥复线桥——世界上最大跨径连续钢构桥

菜园坝长江大桥——世界上最大跨径公轨两用结构拱桥

沿溪沟大桥——世界第一高桥

任河——世界上最大的内陆倒流河

皇冠大扶梯——世界上最长的坡底扶梯

云阳恐龙化石墙——世界最长的单体侏罗纪化石墙

参考文献 ——
REFERENCE

[1] （明）曹学佺著. 蜀中名胜记[M]. 刘知渐点校. 重庆：重庆出版社，1984.

[2] 常宏，安芷生，强小科，等. 河流阶地的形成及其对构造与气候的意义[J]. 海洋地质动态，2005，21（2）：8-11.

[3] 程捷. 金沙江奔子栏—金江街段发育史探讨[J]. 华东地质学院学报，1994，17（3）：234-241.

[4] 重庆市地方志办公室. 重庆建置沿革[M]. 重庆：重庆市出版社，1998.

[5] 余楚修，管维良. 重庆建置沿革[M]. 重庆：重庆出版社，1998.

[6] 重庆市地质调查院. 重庆区域地质志[M]. 北京：地质出版社，2021.

[7] 黄济人. 老重庆：巴山夜雨[M]. 南京：江苏美术出版社，1999.

[8] 葛肖虹，马文璞. 中国区域大地构造学教程[M]. 北京：地质出版社，2014.

[9] 何浩生，何科昭，朱祥民，等. 滇西北金沙江河流袭夺的研究：兼与任美锷先生商榷[J]. 现代地质，1989，3（3）：319-330.

[10] 李华勇，明庆忠. 金沙江石鼓-宜宾段河谷-水系演化研究综述与讨论[J]. 地理与地理信息科学，2011，27（2）：50-55.

[11] 李叔达. 动力地质学原理：第二版[M]. 2版. 北京：地质出版社，1994.

[12] 明庆忠，史正涛. 三江并流形成时代的初步探讨[J]. 云南地理环境研究，2006，18（4）：1-4.

[13] 秦翔，施炜，李恒强，等. 基于DEM地形特征因子的青藏高原东北缘宁南弧形断裂带活动性分析[J]. 第四纪研究，2017，37（2）：213-223.

[14] 任纪舜，等. 中国大地构造及演化[M]. 北京：科学出版社，1980.

[15] 沈玉昌. 长江上游河谷地貌[M]. 北京：科学出版社，1965：21-63.

[16] 苏怀，明庆忠，潘保田，等. 金沙江河谷-水系发育的年代学框架分析与探讨[J]. 山地学报，2013，31（6）：685-692.

[17] 陶亚玲，常宏. 长江第一湾附近构造作用下的河流地貌演化[J]. 地球科学进展，2017，32（5）：488-501.

[18] 田明中，程捷. 第四纪地质学与地貌学[M]. 北京：地质出版社，2009：59-62.

[19] 汪泽成，赵文智，徐安娜，等. 四川盆地北部大巴山山前带构造样式与变形机制[J]. 现代地质，2006，20（3）：429-435.

[20] 巫建华，刘帅. 大地构造学概论与中国大地构造学纲要[M]. 北京：地质出版社，2008.

[21] 肖琼，沈立成，杨雷，等. 重庆北温泉地热水碳硫同位素特征研究[J]. 水文地质工程地质，2013，40（4）：127-133.

[22] 杨达源，等. 长江地貌过程[M]. 北京：地质出版社，2006.

[23] 杨宗干，赵汝植. 西南区自然地理[M]. 重庆：西南师范大学出版社，1982.

[24] 张克旗，吴中海，吕同艳，等. 光释光测年法：综述及进展[J]. 地质通报，2015，34（1）：183-203.

[25] 张叶春，李吉均，朱俊杰，等. 晚新生代金沙江形成时代与过程研究[J]. 云南地理环境研究，1998，10（2）：43-48.

[26] 赵志军，刘勇，陈晔，等. 基于ESR年代的川西高原河流下切速率[J]. 兰州大学学报（自然科学版），2013，49（2）：160-165.

[27] 赵希涛，吴中海，冯玉勇，等. 金沙江"长江第一湾"段河谷地貌、沉积与发育[J]. 地质通报，2015，34（1）：83-103.

[28] CLARK M K, HOUSE M A, ROYDEN L H, et al. Late Cenozoic uplift of southeastern Tibet [J]. Geology, 2005, 33（6）：525.

[29] KONG P, GRANGER D E, WU F Y, et al. Cosmogenic nuclide burial ages and provenance of the Xigeda paleo-lake：Implications for evolution of the Middle Yangtze River[J]. Earth and Planetary Science Letters, 2009, 278（1/2）：131-141.

[30] LIU-ZENG J，TAPPONNIER P，GAUDEMER Y，et al. Quantifying landscape differences across the Tibetan Plateau：Implications for topographic relief evolution[J]. Journal of Geophysical Research：Earth Surface，2008，113（F04018）：1-26.

[31] MCPHILLIPS D，HOKE G D，JING L Z，et al. Dating the incision of the Yangtze River gorge at the First Bend using three-nuclide burial ages [J]. Geophysical Research Letters，2016，43（1）：101-110.

[32] OUIMET W，WHIPPLE K，ROYDEN L，et al. Regional incision of the eastern margin of the Tibetan Plateau[J]. Lithosphere，2010，2（1）：50-63.

[33] YANG R，FELLIN M G，HERMAN F，et al. Spatial and temporal pattern of erosion in the Three Rivers Region，southeastern Tibet [J]. Earth and Planetary Science Letters，2016，433：10-20.